U0388685

NumberSense:

How to Use Big Data to Your Advantage

中国人民大学出版社
·北京·

前言

> 我们生活在一个任何人都无法摆脱数据的大数据时代。数据越多，人们做出的分析就越多——呈现指数增长；人们分析得越多，制造出的烟幕弹也就越多。因此，保持清醒的头脑就变得非常重要。

如果你在美国西部航空公司负责市场，那么，随着1990年航空业发展速度的开始放缓，你面临着强大的阻力。当时，由于受到“沙漠风暴行动”[①]（Operation Desert Storm）的影响，商务旅行的人数锐减，整个航空业也正在走下坡路。此时经济陷入萧条，石油价格大幅上涨。而不久前，你刚刚扩大了公司规模，可在目前的形势下，公司过去的成绩反而成了套在你脖子上的一条锁链。对美国西部这家由业内元老艾德·博韦（Ed Beauvais）于1983年创建并迅速崛起的航空公司来说，1990年的确是具有标志性的一年。在这一年里，美国西部航空公司跨过了年收入10亿美元的大关。与此同时，它成为菲尼克斯太阳队（Phoenix Suns）的

① 海湾战争期间，联合国安理会第678号决议的最后通牒过后，1991年1月17日，联军开始执行名为“沙漠风暴行动”的强烈空袭，每天对伊拉克攻击数千次。——译者注

专用航空公司。当美国交通部确认美国西部航空公司是一家“主干线航空公司”时，艾德·博韦的“凤凰项目”（Phoenix Project）已经决定开始实施了。

竞争对手接连倒闭。美国东方航空公司、中途岛航空公司（Midway）、泛美航空公司（PanAm）和环球航空公司（TWA）都是最早的受害者。美国西部航空公司立即缩减开支，停止其他航线，只开通美国西海岸这条核心航线，同时将票价调低 50%，并筹集了 1.25 亿美元，才保住了一线生机。但由于其他航空公司也在降低价格，用不了多久价格战就会蔓延到其大本营——菲尼克斯的市场。于是，你正在苦思冥想，希望找到新的角度来说服旅客搭乘自己公司的客机。这时数据分析人员出现了，并且手里拿着一些对“航班准点表现”的明晰分析报告。自 1987 年起，美国交通部就要求航空公司上报每个月的晚点记录。在最近的报告中，美国西部航空公司是表现最好的一家，其晚点率是最低的，晚点率为 11%。而规模与之相近的竞争对手，同时也是主飞西海岸航线的阿拉斯加航空公司，它的晚点率却是 13%（请参看表 P—1）。

表 P—1　阿拉斯加航空和美国西部航空晚点率的对比

	阿拉斯加航空公司	美国西部航空公司
航班总数	3 775	7 225
晚点航班总数	501	787
晚点率	13%	11%

此时，一段可用来做电视广告的故事情节可能会从你的脑袋中冒了出来：

一个穿着昂贵西装的男人，走出接泊巴士，来到贴着“美国西部航空公司”标示的路边，接着他像坐在魔法扫帚上一样被送往目的地。此刻，机场的安检线外聚集着因等待而争吵的旅客。与此同时，乘坐你公司飞机的那位乘客，正在跟他的客户握手，拿着一份签好的合同，指着胸前的标牌开心地笑着。

但是情况急转直下，在人们根本没法作出反应的情况下，1991 年的夏天，美国西部航空公司宣布破产。三年之后，这家公司通过重组东山再起。

就由他去吧，因为你们刚刚逃过一劫。你若是要求分析师做更深入的分析，将会收获一份不怎么愉快的惊喜。在图 P—1 中，美国西海岸的五个机场中，阿拉斯加航空公司每个机场的晚点率都低于美国西部航空公司。

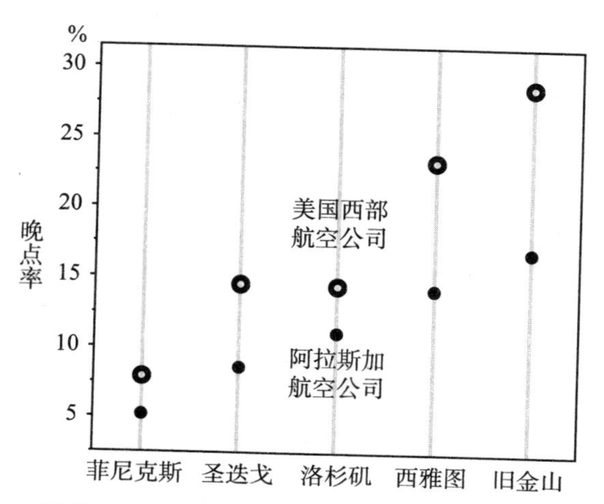

图 P—1　阿拉斯加航空公司每个机场的晚点数据

看出问题了吗？虽然美国西部航空公司的平均表现打败了阿拉斯加航空公司，不过，更精细的数据显示：在西海岸的五个机场，阿拉斯加航空公司在每个机场的晚点率都要比美国西部航空公司低一些。没错，再看一下数字。美国西部航空公司的航班在旧金山、圣迭戈、西雅图，甚至在菲尼克斯总部，航班晚点率都要高于阿拉斯加航空公司。这是分析师算错了吗？你再检查一遍，结果肯定没错。

稍后我将用几页内容讲讲数字背后的故事。现在，请先记住我的话，数据确实支持下面的两条结论：

1. 平均来看，美国西部航空公司的正点到达的表现要胜过阿拉斯加航空公司；
2. 美国西部航空公司在每个机场的正点到达的表现要逊于阿拉斯加航空公司。

当前，情况是有些不寻常，但也还没到不可理解的地步。一部分数据所反映出来的问题，有时跟同一个数据集的另一部分数据所反映出的问题并不一致。

要是你准备将这本书付之一炬，并起誓说这辈子再也不跟爱撒谎的统计学家说话，我不会怪你。不过，在你真的这样做之前，你得认识到，我们生活在一个任何人都无法摆脱数据的大数据时代。数据越多，人们做出的分析就越多——呈现指数增长；人们分析得越多，制造出的烟幕弹也就越多。因此，保持清醒的头脑就变得非常重要。

大数据是高科技时代的流行语，它大约出现在2010年。这个行业喜欢将两个词组织起来表达一个概念，就跟史蒂文·西格尔（Steven Seagal）

喜欢用两个词为他的电影命名一样。大数据是“宽带”、“无线”、“社交媒体”或“网站”这类新概念的后裔。它表示海量的数据，仅此而已。

> NUMBERSENSE
>
> 大数据是高科技时代的流行语，它大约出现在2010年。大数据是“宽带”、“无线”、“社交媒体”或“网站”这类新概念的后裔。它表示海量的数据，仅此而已。

隶属于被誉为“传奇”的麦肯锡管理咨询公司的麦肯锡全球研究院谈起“大数据”时说道：“这个概念指的是那些规模巨大到通常的数据处理软件都无法捕捉、存储、管理和分析的数据集。”根据2011年其发表的第一份“大数据”报告，这些研究者所认为的“大”是指每家企业所拥有的数据达到几十个乃至上千太字节（Terabyte）。

我们对“大数据”的理解要比工业标准更全面。我们之所以关心这个问题，不是因为数据越来越多，而是因为对数据的分析越来越多了。我们不得不投入更多的人手以便能更多、更快地分析数据。真正驱动我们这样做的不是数据的数量而是数据的价值。如果我们想深入研究失业、通货膨胀或者其他经济指标，我们可以从美国劳工统计局（the Bureau of Labor Statistics）的网站上下载大量的数据集。如果某位纽约居民对某饭店的“B”健康等级感兴趣，他就可以在纽约市的健康与心理卫生部（Department of Health and Mental Hygiene）的在线数据库中，查阅违规饭店名单。几年前，当丰田汽车被接连曝出存在突然加速的隐患时，我们了解到美国国家公路交通安全管理局（National Highway Traffic Safety Administration）设立了一个开放资源中心，用来存储关

> NUMBERSENSE
>
> 我们对“大数据”的理解要比工业标准更全面。我们之所以关心这个问题，不是因为数据越来越多，而是因为对数据的分析越来越多了。数据是免费的，又很容易获得，这必然会产生更多的数据分析。

于驾驶员安全方面的投诉。自1990年代初，任何人都可以从雅虎财经、亿创理财（E*Trade）等网站上，下载到股票、共同基金以及其他金融产品的运作情况。有时，甚至连公司也会参与其中，使得一些专有的数据公开化。2006年，美国最大的在线DVD租赁商奈飞公司（Netflix）统计并发布了1亿部电影的分类等级，并征募科学家来改进预测算法。玩家们通过研究统计数字来获得竞争优势，从而将“梦幻体育”①（Fantasy Sports）这个游戏推到了一个新的高度。那些过去印刷在纸版书的数据，如今以电子表格的形式在互联网上迅速传播。数据是免费的，又很容易获得，这必然会产生更多的数据分析。

比尔·盖茨是美国企业成功故事的典型代表。这个绝顶聪明的孩子，大学中途退学，创办自己的软件公司。而且他们公司开发的软件，最终用在了世界90%的电脑上，比尔也因此赚到了数十亿美元的财富。后来，他退出江湖，将大部分财富捐献给慈善事业。比尔以自己和妻子的名义成立了“比尔&梅琳达·盖茨基金会”（Bill & Melinda Gates Foundation）。而且我们很高兴地看到该基金会在许多领域进行了大胆投资。它涉足的领域包括在发展中国家进行疟疾预防，在美国进行中学改革，以及对艾滋病（HIV/AIDS）的研究。盖茨基金会因依靠数据来做出明智的决定，从而赢得了良好的声誉。

但这并不意味着他们不会犯错。盖茨在千禧年开始之际，大力支持

① 梦幻体育（Fantasy Sports)是在美国网络极度流行的一款拥有真实球员数据的全仿真网页体育模拟经营竞技游戏。该游戏的主要玩法是由多名玩家组成一个联盟，各自挑选球员组成自己的球队并调整阵容，而这些球员在现实中的表现会直接影响玩家的积分。——译者注

小型学校运动，他在全美范围内选出了一些学校，并往这些学校投入了上亿美元。证据 A 是当时的一项统计发现：在全美表现最好的学校中，小型学校所占的比例不均衡。例如，在宾夕法尼亚州，按照五年级的阅读成绩评出的前 50 所学校中，12% 是小型学校。要是学生的成绩跟学校的规模无关，那么规模大的学校在这 50 所名校中所占的比例应该是小型学校的四倍。因此，学校规模被认为是影响教学质量的重要因素——每个年级最多不能超过 100 名学生。而盖茨基金会设计的一套改造方案，就是将大型学校拆分成更小、更高效的小型学校。

举例来说，2003 年新学年伊始，在华盛顿的芒特莱克泰勒斯高中（Mountlake Terrace High School）读书的 1 800 名学生发现，自己的学校被分成了五所小型学校，学校的名字分别叫做“发现学校”、“改革学校”、“复兴学校”等。不过，校址没有改变，还是在以前的大楼里。盖茨基金会教育处执行主任汤姆·范德·阿尔克（Tom Vander Ark）解释说：“大多数穷人家的孩子，不得不进规模大的学校念书，在那里没人认识他们，他们被甩进了一条难以出头的死路……小型学校只不过营造了一个（比大型学校）更好的成长环境。在那里，比较容易形成积极的氛围，产生较高的期望值，也更容易优化课程设置，改进教学质量。”

十年以后，盖茨基金会却发生了彻底的转变，它不再将学校的规模视为解决学生成绩问题的唯一方法，而开始致力于设计富有新意的课程以及提升教学质量。盖茨基金会对学校重组前后的效果进行了细致的调查研究，结果发现，重组后的学校平均成绩没有变得更好，相反，在某些个例中变得更差了。

统计学家霍华德·魏讷（Howard Wainer）在美国教育考试服务中心（Educational Testing Services）度过了最好的职业生涯。魏讷曾抱怨道：“这数百万美元的错误，本来是可以避免的。”在上面提到的对宾夕法尼亚州的学校进行的同一分析中，魏讷指出，虽然小型学校在前 50 所学校中占了 12% 的份额，但同时要看到，在后 50 所学校中，有 18% 是小型学校。简单来说，小型学校在这个分布的两端所占的比例都偏高。不管强调哪一部分数据，分析师们都会得出完全相反的结论。在对飞机晚点的研究中，我们见过类似的情况。问题的关键不在于多少数据被分析，而是被如何分析。

NUMBERSENSE

盖茨基金会的故事证明了另外一点：数据分析是一件棘手的事，无论是权威专家还是经验丰富的行家，都不能担保不出错。

盖茨基金会的故事证明了另外一点：数据分析是一件棘手的事，无论是权威专家还是经验丰富的行家，都不能担保不出错。不管一个人的脑袋瓜多么灵光，总会有一定的犯错范围。这是因为，没有人能够掌握所有信息。“那是在顶尖期刊上发表的”、“别瞎怀疑了，登在这本期刊上的文章难道会有错？！”这样的话经常拿来当做堵住别人嘴巴的借口。生活在大数据时代，只有傻瓜才会采取这种态度。你听说过很多研究，试图在某种疾病与某种基因之间建立联系，比如，帕金森症和高血压。可是，你知道吗？经过同行评审、并得到同行认可的遗传学关联性研究成果，只有 30% 能被后续的研究证实，其余的都是假阳性结果（false-positive result）。那些声称是原创性的研究成果，还没来得及出版勘误表，就已经被推翻了。不过，话又说回来，我还是希望专家能发表一些质量稍高的分析报告。

当初关于小型学校的分析工作，要是交给魏讷来做，想必他会从宏观的角度审视数据，并得出“学校规模只是一枚烟幕弹罢了，跟学生的学业成绩无关”这样的结论。尽管“学校规模变小，学生将得到更多的关注”的这种假设，主观上具有很强的吸引力，但证据不支持理论假设。即便学校规模跟学生成绩之间存在相关性，也仍然不足以得出结论说学校规模是影响学生成绩的原因之一或唯一的原因 [对数据因果分析的质疑，请参看拙著《数据统治世界》(*Numbers Rule Your World*) 第二章内容]。

大数据在因果关系这个问题上，实际上没什么好讲的。不过，存在一种普遍的误解，以为海量的数据流能够将隐藏着的“因果关系”冲出地面。请想一下点击流吧，网络营销人员借助点击追踪网络用户，来以此证明网络营销是成功的。顾客点击了一个网页横幅广告或者搜索广告，然后下了订单，这不就足以证明网络营销成功了吗？还需要什么更有力的证据吗？现实情况远非如此简单明了。比方说，我在网上点了一个三星盖世（Galaxy）的横幅广告，随后将这款手机放进了购物车。一个星期后，我观看了他们抨击苹果的广告，觉得很过瘾，于是，我回到三星的网店完成了这笔交易。分析人员在仔细分析网络日志时，不但会漏掉促使我行动的真实原因，而且会犯假阳性错误，将横幅广告跟此次购买行为捆绑在了一起。因为网络营销人员能看到的只有这些。这些小问题在网络分析员的生活中稀松平常。下面是其他一些令人担忧的情况：

NUMBERSENSE

大数据在因果关系这个问题上，实际上没什么好讲的。不过，存在一种普遍的误解，以为海量的数据流能够将隐藏着的“因果关系”冲出地面。

- 经核实的交易次数跟记录下来的点击数永远不相等；
- 有些交易一次点击记录也查不到，而有些交易却对应着多次点击；
- 在我们所认为的可能引发购买行为的点击按下去之前，交易就已经完成了；
- 据推测，有些客户在电子邮件内点了一下链接，但是并没有打开它；
- 同一名客户可能在 5 分钟之内点了同一条广告上百次，这种可能也是存在的。

网络日志是个混乱复杂的世界。要是指派两位销售商分析同一家网站的流量，得出的统计数据肯定会大相径庭，二者的差距可能高达 20% 或者 30%。

NUMBERSENSE

大数据不仅意味着有更多好的分析，也意味着会有更多坏的分析。在这个充满数据的世界中，消费者得有一副火眼金睛才行啊！

大数据不仅意味着有更多好的分析，也意味着会有更多坏的分析。要知道，即便是专家和技术大牛也有掉链子的时候。如果一些不好的数据被心怀叵测的可疑人员添油加醋地利用，事情会变得更糟糕；不过，即便是动机纯洁的分析人员稍有不慎也会上当受骗。在这个充满数据的世界中，消费者得有一副火眼金睛才行啊！

数据赋予理论合法性，而每一个分析则必须立足于理论之上。

数据挽救不了坏理论。更糟糕的是，坏理论和坏数据往往会形成一种危险的组合。美国共和党的民意调查员，在 2012 年总统大选时，玩火不成反被火烧。事情来得太快了，美国东海岸时间 11 点 30 分，福克斯新闻频道（Fox News）获悉奥巴马在俄亥俄州胜出，这就意味着奥巴马连任成功[①]。美国杰出的政治顾问卡尔·罗夫（Karl Rove），此时正坐在福克斯新闻频道的直播间里，听到这个消息后显得十分惊慌失措，彻底丢了一回脸。罗夫坚持说，俄亥俄州的选票并不能决定最终的选举结果。他气急败坏地逼着主持人梅根·凯利（Megyn Kelly）到后台核对选票，即便她得知统计人员对这个存在分歧的判决有"99.5% 的信心"。

罗夫跟很多著名的共和党时事评论员，如乔治·威尔（George Will）、纽特·金里奇（Newt Gingrin）、迪克·莫里斯（Dick Morris）、里克·佩里（Rick Perry）以及迈克尔·巴罗内（Michael Barone）一样，都预测他们的候选人米特·罗姆尼（Mitt Romney）赢得大选易如反掌。他们有民调数据来支持自己的判断。不过，要是你读一下内特·西尔弗（Nate Silver）在《纽约时报》"民调大师"（guru of polls）上的博客 538（FiveThirtyEight），你也许会好奇共和党的大佬们到底在放什么烟幕弹。例如，2012 年 9 月的民意调查显示，现任总统奥巴马的支持率领先其对手 4%（参见表 P—2）。

表 P—2　　2012 年美国总统大选的全国性民调结果
（包括 2012 年 9 月的民调结果）

民意调查	日期	奥巴马的支持率	罗姆尼的支持率	差额
《投资者商业日报》（Investors Business Daily, 简称 IBD）/ 索福瑞媒介研究有限公司（CVSC-SOFRES MEDIA, 简称 CSM）/ 技术标准市场情报（TechnoMetrica Market Intelligence, 简称 TIPP）	9/4-9/9	46	44	奥巴马 +2
美国有线电视新闻网 / 民意研究公司	9/7-9/9	52	46	奥巴马 +6

① 2012年美国总统大选决定胜负的是俄亥俄州，该州结果一旦公布，也就意味着本次大选尘埃落定，花落谁家已然明了。——译者注

续前表

民意调查	日期	奥巴马的支持率	罗姆尼的支持率	差额
美国广播公司新闻部 /《华盛顿邮报》	9/7-9/9	49	48	奥巴马 +1
民主团（Democracy Corps）	9/8-9/12	50	45	奥巴马 +5
哥伦比亚广播公司新闻 /《纽约时报》新闻	9/8-9/12	49	46	奥巴马 +3
福克斯新闻	9/9-9/11	48	43	奥巴马 +5
全国广播公司新闻 /《华尔街日报》	9/12-9/16	50	45	奥巴马 +5
蒙茅斯大学民调研究所 / 美国调查 / 布莱恩调查公司	9/13-9/16	48	45	奥巴马 +3
丽金－鲁佩调查公司 / 普林斯顿调查研究国际联合会（PSRAI）	9/13-9/17	52	45	奥巴马 +7
平均数				奥巴马 +4

（来源：RealClearPolitics.com 和 UnskewedPolls.com）

大选失败后，罗姆尼阵营的第一反应就是震惊。他们曾经用明显不同的一组数据集预测出大选的胜利。他们所用的数据集更像表 P—3 中的数据，而不是表 P—2 中的数据。

表 P—3　二次加权后的 2012 年美国总统大选的全国民调结果：2012 年 9 月

民意调查	日期	奥巴马的支持率	罗姆尼的支持率	差额	差额
	调整后的				未调整的
《投资者商业日报》/ 索福瑞媒介研究有限公司 / 技术标准市场情报	9/4-9/9	41	50	罗姆尼 +9	奥巴马 +2
美国有线电视新闻网 / 民意研究公司	9/7-9/9	45	53	罗姆尼 +8	奥巴马 +6
美国广播公司新闻部 /《华盛顿邮报》	9/7-9/9	45	52	罗姆尼 +7	奥巴马 +1
民主团	9/8-9/12	43	52	罗姆尼 +9	奥巴马 +5

续前表

民意调查	日期	奥巴马的支持率	罗姆尼的支持率	差额	差额
哥伦比亚广播公司新闻/《纽约时报》新闻	9/8-9/12	44	51	罗姆尼 +7	奥巴马 +3
福克斯新闻	9/9-9/11	45	48	罗姆尼 +3	奥巴马 +5
全国广播公司新闻/《华尔街日报》	9/12-9/16	44	51	罗姆尼 +7	奥巴马 +5
蒙茅斯大学民调研究所/美国调查/布莱恩调查公司	9/13-9/16	45	50	罗姆尼 +5	奥巴马 +3
丽金－鲁佩调查公司/普林斯顿调查研究国际联合会（PSRAI）	9/13-9/17	45	52	罗姆尼 +7	奥巴马 +7
平均数				罗姆尼 +7	奥巴马 +4

（来源：UnskewedPolls.com 和 RealClearPolitics.com）

这第二组数据集是迪恩·钱伯斯（Dean Chambers）得出的，他建立了一家名为 UnskewedPolls.com 的网站跟内特·西尔弗唱对台戏。在 11 月 6 日大选即将开始前，这家网站成了共和党时事评论员的宠儿。钱伯斯统计的数据显示，在每次民调中罗姆尼的支持率均大大超过奥巴马，平均领先 7 个百分点。将罗姆尼与奥巴马的差距，从落后 4 个百分点的劣势扳回到领先 7 个百分点的绝对优势，这要归功于某个理论和一小撮坏数据。

钱伯斯认为，2012 年大选时共和党选民将会情绪失控，这反映出他们对经济复苏缓慢及就业市场惨淡的不满（该话题将在第 6 章详谈）。民调公司通常只会报告拟投票选民（likely voters）的结果，这意味着他们所用的数据包含着一个预测模型，用来预测谁最可能参加投票。钱伯斯断言，“拟投票者”模型对共和党人存在偏见，因为该模型没有考虑选民在情绪激动时造成的理论上的波动[①]。

于是，他着手对民调数据进行“纠偏”。事情的关键是找到一种新的方法来估计“拟投票者”的党籍。他将目光转向了拉斯穆森报告（Rasmussen Reports），这是一家表现不佳的民意调查公司。拉斯穆森民意调查公司在他们的自动拨号机上装载了预先录制好的题目，试图通过这些题目来收集选民的党派身份：

“如果您是共和党党员，请按‘1’；

如果您是民主党党员，请按‘2’；

如果你属于其他政党，请按‘3’；

如果您是无党派人士，请按‘4’；

如果您不确定，请按‘5’。”

坏数据就是从这里混进来了。钱伯斯对其他民调结果进行了二次加权，他声称这些调查结果少算了共和党选民。在对这些民调结果进行调整时，他也假定在其他民调公司的答卷人中，各党派的比例跟拉斯穆森的调查结果是一致的。经过这样一番调整，每项调查都预示罗姆尼将会胜出，后来的选举结果证明这不过是一厢情愿罢了。最后的票站调查（exit polls）评估出38%的投票者是民主党人，比自认的共和党投票者多出6个百分点，从而彻底击溃了钱伯斯的理论假设。顺便说一句，民调公司根本就没有必要猜测“拟投票者”属于哪个党派，他们只须将问题明确地提出来，被调查对象就会自己做出选择。

① 这句话的言外之意是，由于共和党人对政府在经济上的表现非常不满，在这种情绪状态下，共和党人会更积极地支持自己的候选人。——译者注

在分析数据的时候，不可避免地要进行理论假设。任何分析都是一半数据，一半理论。数据越丰富，所能支持的理论就越多，而有些数据与理论也会互相矛盾，就像我们之前所注意到的一样。然而，数据再丰富也无法挽救糟糕的理论，或者说挽救不了糟糕的分析。这个世界从来就不缺理论家。在大数据时代，证据的杠杆被调得很低，这使得明辨是非变得越发困难。

那些为大数据唱赞歌的人，理所当然地认为数据越多产生的效用越好。我们有必要人云亦云吗？

NUMBERSENSE

那些为大数据唱赞歌的人，理所当然地认为数据越多产生的效用越好。我们有必要人云亦云吗？

分析数据的人越多，分析的速度就越快，产生的理论和观点就越多，就越具复杂性，相互之间的分歧也就越多。因此，结论也就越不明晰，越不一致，越缺乏自信。

美国西部航空公司的营销人员，引用五个机场的综合统计数字宣称本公司的准点率比阿拉斯加航空公司高。而阿拉斯加航空公司也可以反驳说，比较一下就不难看出，在这五个机场中，自己公司的航班时效性更强。当两个互相冲突的结果摆在桌面上时，如果不去验证算法，不请人仲裁，很难立刻下结论。我们从航班晚点数据得到一个重要认识：影响航班准点率的关键因素是客机所到达的机场，而非客机隶属于哪家航空公司。尤其是，飞到菲尼克斯的航班晚点的概率要比那些飞往西雅图的航班小得多，这是由气候的差异造成的。美国西部航空公司的总部在菲尼克斯，而阿拉斯加航空公司的枢纽在西雅图。因此，阿拉斯加航空公司的平均晚点率，被一个表现差的机场过度加权。而对美国西部航空公司来说，情况正好相反。从上面的分析可以看出，所到达的机场这个因子隐藏了客机因子。这样就解释了所谓的“辛普森悖论”①（Simpson’s Paradox）（如图 P—2）。

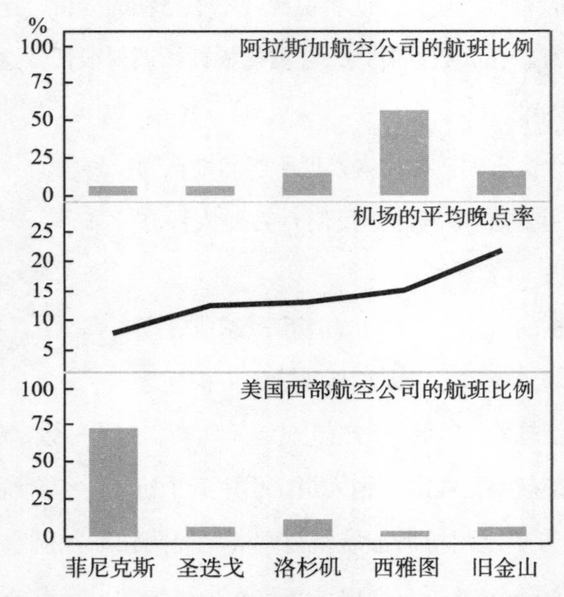

图 P—2　基于航班晚点数据对辛普森悖论的解释

对航空公司的分析只是用四个对象：客机，到达机场，客机数量和晚点频率。还有很多变量是可以利用的，比如：

① 当人们尝试探究两种变量（比如新生录取率与性别）是否具有相关性的时候，会分别对之进行分组研究。然而，在分组比较中都占优势的一方，在总评中有时反而是失势的一方。该现象于 20 世纪初就有人开始讨论，但一直到 1951 年，E.H. 辛普森在其发表的论文中阐述此一现象后，该现象才算正式被描述解释。后来就以他的名字命名此悖论，即辛普森悖论。——译者注

- 天气条件；
- 飞行员的国籍、年龄和性别；
- 客机的类型、构造和尺寸；
- 飞行距离；
- 出发机场；
- 载客率。

可行的分析随着变量数目的增加呈指数增长。同样，犯错跟出现悖论的机会也是同步增长的。

不可避免的是，数据越多，我们花在争论、验证、调和以及重复上的时间就越多。这些活动会产生更多的疑问跟困惑。于是就会产生一个很切实的危险，那就是大数据非但没有将我们引向进步，反而让我们倒退了。当糟糕理论通过搜集糟糕证据，驱逐好理论来获得发展，那么科学就面临着被带到“黑暗时代”的威胁，这无疑再次验证了“劣币驱逐良币”的论点。

大数据是真实的，而其影响更是广泛的。至少，我们每个人都是数据分析的消费者。因此，我们必须学会成为一个聪明的消费者。我们需要具备的是一种数字直觉。

数字直觉是我在招聘数据分析员时最为看重的一种品质。它能将真正的天才从“还不错”中区别开来。我希望在应聘者身上发现三样东西：

NUMBERSENSE

不可避免的是，数据越多，我们花在争论、验证、调和以及重复上的时间就越多。这些活动会产生更多的疑问跟困惑。于是就会产生一个很切实的危险，那就是大数据非但没有将我们引向进步，反而让我们倒退了。

大数据是真实的，而其影响更是广泛的。至少，我们每个人都是数据分析的消费者。因此，我们必须学会成为一个聪明的消费者。我们需要具备的是一种数字直觉。

一个是数字直觉，其他两样分别是技术能力跟商业思维。有些人可能在编程方面无人能敌，但却没有一点数字直觉；有些人可能是个讲故事的高手，能将一个个的情节串联起来，但是却没有任何数字直觉。数字直觉是第三维度。

数字思维是当看到坏的数据或坏的分析时，你脑袋里产生的喊喊喳喳的声音。它是促使你接近真相的一种诉求，一份执着。它是一种智慧，知道何时拐弯，何时向前推进，最重要的是知道何时停止。它是一种意识，知道你从哪里来，将走向何方。它还是一种搜寻线索、辨认圈套的能力。天才试过几圈，就能很快地找到从 A 到 Z 的通路。而有些人则困在迷宫里，也许永远也走不出来。

数字直觉是一种与生俱来的直觉，很难在传统的教室环境下教授。虽然有一些普遍原则，但却不是烹饪书，可以照葫芦画瓢（如表 P—4）。它无法自动化。教科书中的案例不能移植到真实世界中。虽然讲义资料通过精确地剪裁那些构成元素，提炼出一般概念。但这些概念帮不了分析人员什么忙，只会瞎耽误工夫。培养数字直觉最好的途径是直接练习或者跟从别人学习。

表 P—4　　航班晚点数据

	美国西部航空公司		
机场	准时	晚点	晚点率
旧金山	320	129	29%
西雅图	201	61	23%
洛杉矶	694	117	14%
圣迭戈	383	65	15%

菲尼克斯	4840	415	8%
总数	6438	787	11%

阿拉斯加航空公司

机场	**准时**	**晚点**	**晚点率**
旧金山	503	102	17%
西雅图	1841	305	14%
洛杉矶	497	62	11%
圣迭戈	212	20	9%
菲尼克斯	221	12	5%
总数	3274	501	13%

两家航空公司

机场	**准时**	**晚点**	**晚点率**
旧金山	823	231	22%
西雅图	2042	366	15%
洛杉矶	1191	179	13%
圣迭戈	595	85	13%
菲尼克斯	5061	427	8%
总数	9712	1288	12%

[来源：戴维·斯·摩尔（David S.Moore）：《统计学基础实践（第五版）》（*The Basic Practice of Statistics*），第 169 页]

我写作这本书的目的是引你上路。本书的每一章都是由近期读到的一则新闻触发灵感而写成的。在这些新闻故事中，有人提出了一些观点，并且援引数据来证明自己的观点。我通过提一些尖锐的问题，检查一致性，数理论证，有时候，也会通过获取并分析相关数据，来展示我是如何验证这些观点的。比如，我会质疑高朋（Groupon）的商业模型有意义吗？一种检测肥胖的新方法能解决我们最大的健康危机吗？克莱蒙德麦肯那学院（Claremont McKenna College）在学院排名游戏中小规模作弊了吗？政府公布的通胀跟失业数据值得信任吗？我们如何评价梦幻体育联盟的表现？当商家通过追踪我们的活动来实现个性化营销时，我们会从中受益吗？

即使是专家有时候也会掉进数据的陷阱中。如果我在这本书里面也犯了此类的错误，那么责任完全在我。要是我没有把观点讲得足够清楚，那就意味着这些数据的分析方法不止一种。我鼓励你们形成自己的观点。只有通过这样的练习实践，才能培养出你自己的数字直觉。

欢迎来到大数据时代，不过，要处处留神才是！

NUMBER SENSE

目录

NUMBER SENSE

How to Use Big Data to Your Advantage

| 第一部分 |

关于社会大数据的解读

NUMBER
SENSE

第1章
法学院院长互发垃圾邮件为哪般

《美国新闻与世界报道》的排名才是妙药灵丹，其他的对我们来说都无关紧要。这是一个互相残杀的世界，我们不做，竞争对手就会做。我们的处境就像逆水行舟，不进则退。

2008年9月，美国密歇根大学在其法学院启动了一项特别的招生计划。这个以该校吉祥物“狼獾”命名的奖学金计划，目的是吸引那些成绩优异的本科生。该招生计划规定：目前仍在安娜堡校区读书且GPA在3.8以上（包括3.8）的本科生，大四的课程一结束就可以申请这所全国排名第九的法学院。等本校学生的录取工作结束后，才接受外校学生的申请。该校招生办主任莎拉·易尔法斯（Sarah Zearfoss）将这一方案描述为密歇根法学院向其本科生部发出的“情书”。她希望以这种姿态说服密歇根大学最聪明的学生们继续留在安娜堡，而不是流向其他顶级的法学院。

但这个“狼獾奖学金计划”中有一项规定叫人很不理解，并很快在法学院热闹的博客圈子里招来了一片指责之声。本来申请密歇根或者国

> **NUMBERSENSE**
>
> 持有 LSAT 成绩竟然会招致被拒。密歇根为何要免除而且仅仅免除申请者的 LSAT 成绩呢？

内大多数有资质的法学院都要求申请者提交“法学院入学资格考试”（LSAT）成绩，这是一项硬性要求。可是，申请“狼獾奖学金”的学生却不需要提交该成绩，更令人费解的是，持有 LSAT 成绩竟然会招致被拒。密歇根为何要免除而且仅仅免除申请者的 LSAT 成绩呢？官方声明表示早就料到外界会有此疑问，并作出了解释：

法学院非常清楚密歇根大学本科生的课程设置及师资力量，再加上我们有一些用以评估密歇根本科生日后在法学院潜在表现的重要历史数据作为参考，这使得我们有理由把重点放在对申请者本科课程的审查上，我们对此的重视程度甚至超过了那些传统的审查……因此，对筛选出的合格者，我们不再像通常所做的那样，要求他们提交 LSAT 成绩。

在接受《华尔街日报》采访时，易尔法斯解释了这项统计学研究：“我们翻阅了很多的历史数据（GPA3.8 这个数字就是从那里面找到的），并得出一个重要发现：无论某人的 LSAT 成绩如何，只要 GPA 达到 3.8，日后他在班上的表现都不错。”这位招生工作人员认为有些 GPA 很高的学生，之所以没有申请密歇根大学法学院，是因为此前录取的班级 LSAT 成绩都非常高，他们因此畏而却步。

很多博主本身就在密歇根法学院的竞争对手那里当教授，他们根本不吃这一套。他们从中嗅出了密歇根大学想借此提高该校法学院在全国排名的无耻用心。所谓“全国排名”，通常指的是《美国新闻》（*U.S News*）也就是后来的《美国新闻与世界报道》（*U.S. News &World*

Report）为全美法学院所做的排名。该杂志通过运作各种各样的排行榜获得了丰厚的回报。执教于印第安纳大学伯明顿分校（University of Indiana,Bloomington）的比尔·亨德森（Bill Henderson）警告“法律执业者博客”（Legal Profession Blog）的读者：“一所顶级的法学院对形式主义的痴迷，为普罗大众做出了更坏的表率。我们这些法律工作者又一次给学生做出了坏榜样。”相比之下，粉丝范围更广的博客——“法律之上”（Above the Law）对此事的评论就少了些厚道。在一个题为“请遏制疯狂”（Please the Sanity）的帖子中，楼主抱怨道：“这个‘只要被密歇根录取了，我们就假称 LSAT 没有意义’的游戏是一种极端的犬儒主义，”他继续说道，“这种小花招让密歇根法学院看起来连个偷三明治的流浪汉也不如。”

最近几年，在法学院排名问题上，《美国新闻与世界报道》无人能敌，是绝对的赢家。相比之下，至少有六家机构将手伸进了那些阔绰的 MBA 学生口袋中挖金子，像《商业周刊》、《经济学人》、《华尔街日报》和《美国新闻与世界报道》等。由于《美国新闻与世界报道》研发的排名得到学生、校友及社会的广泛认同，因而法学院的管理者不是去质疑该组织的排名方法，相反却一门心思找路子来提升法学院在全国的排名。另一位印第安纳大学教授杰弗里·斯蒂克（Jeffrey Stake）专门研究大学排名，悲叹道：“那个曾经很重要的问题‘这个人是否有资质能成为一名好律师？’，如今被‘这个人能否提高我们学校的

> **NUMBERSENSE**
>
> 在法学院排名问题上，《美国新闻与世界报道》无人能敌，是绝对的赢家。因而法学院的管理者不是去质疑该组织的排名方法，相反却一门心思找路子来提升法学院在全国的排名。

排名？’所取代。”法学院在相邻两年间名次上的细微而又没有意义的变动，让学院的管理者烦恼不安。某位法学院的院长，与社会学家迈克尔·绍德（Michael Sauder）和温迪·埃斯佩兰（Wendy Espeland）谈到，要是法学院的排名下滑一名，大学将会作出以下反应：

我们要是跌出前50名，不会被称作第51名，而会很快被扔进那些不加区别的、按字母排序的二流学校里面。此时，本地报纸的头版头条就会出现这样的字眼：“某法学院沦为二流学院”。我们的学生读到这条新闻，就会感到非常沮丧：“为什么我们是二流学院？到底发生了什么，让我们沦落为二流学院？”

法学院很快就意识到，《美国新闻与世界报道》的评价公式中，有两个要素占主导地位，即LAST成绩和本科生的GPA。这也就解释了为什么“狼獾奖学金计划”的两个申请的必要条件——GPA分数要高且没有考过LSAT，会激起评论家这么大的质疑。由于美国律师学会（the American Bar Association, ABA）要求法学院使用一个可靠且有效的入学考试来录取一年级的法学博士（Doctor of Law，简称J.D.），因此，博主们有理由怀疑密歇根可能会使用大学入学考试的成绩来钻空子。其他许多大学的法学院，包括乔治敦大学（Georgetown University，在《美国新闻与世界报道》的法学院排行榜中名列第14位），明尼苏达大学（University of Minnesota，在《美国新闻与世界报道》的法学院排行榜中名列第22位），伊利诺伊大学（University of Illinois，在《美国新闻与世界报道》的法学院排行榜中名列第27位），也面向自己的本科生推出了类似的招生计划。明尼苏达大学的做法，跟密歇根大学一样，他们的招生官员不仅不看 LSAT 成绩，甚至会将持有 LSAT 成绩的申请者拒之门外。

当一天招生办主任

在留住优等生与提升学院的排名之间，我们可以讨论哪个是提前录取计划的意向受益者，哪个是附带受益者。我们不得不惊叹于密歇根大学手段之高明，通过这种方法，他们就能收到了一石二鸟的效果。虽然法学院的公告把焦点全部放在学生身上，不过，法学博客的博主们还是迅速地觉察到，这项政策对于《美国新闻与世界报道》的排名将会产生不言而喻的影响。这是一则显现出数字直觉的优秀范例。他们看穿了别人硬塞过来的一条信息，发现了背后的动机，然后寻找数据来调查其他可能的说法。

要想知道如何对数字进行解读，首先要搞清楚各类公式是如何运作的。鉴于此，我们来扮演一天招生主任。我们所要扮演的，不是一般的招生主任，而是一位在顶级法学院工作的、最见利忘义的、最胆小懦弱的、最精于算计的招生主任。我们将不遗余力地、毫不留情地使用这本书里面提到的每种技巧。《美国新闻与世界报道》的排名才是妙药灵丹，其他的对我们来说都无关紧要。这是一个互相残杀的世界，我们不做，竞争对手就会做。我们的处境就像逆水行舟，不进则退。

NUMBERSENSE

《美国新闻与世界报道》的排名才是妙药灵丹，其他的对我们来说都无关紧要。这是一个互相残杀的世界，我们不做，竞争对手就会做。我们的处境就像逆水行舟，不进则退。

这些年来,《美国新闻与世界报道》的编辑们向外界披露了他们对法学院进行排名时所用的方法和要点。跟大多数排名的程序一样，大致步骤如下：

1. 将整体评价分解为各部分的得分；
2. 利用调查问卷的调查结果或者所提交的数据为各个部分打分；
3. 将各个部分的得分转换到一个共同的量尺上，比如说 0-100 分；
4. 确定每个成分的相对重要性；
5. 将标准化后的成分得分加权求和算出综合得分；
6. 将综合得分导入所需要的量尺中。举例来说，大学委员会（College Board）使用 200~800 这样的量尺来表示 SAT[①] 各部分的得分。

排名从本质上讲是一种很主观的东西。步骤 1、步骤 2 和步骤 4 反映了公式设计者的观点。商学院的六种排行榜之间相关性之所以不高，就是因为它们的设计者所搜集、测量、强调的因子各不相同。比如,《商业周刊》在给商学院打分时，90% 是基于声誉调查的结果，并且为对应届生的调查结果和对企业招聘专员的调查结果赋予相同的权重。但是,《华尔街日报》却只考虑企业招聘专员对商学院的评价这一个因子。请注意步骤 3 所做的标定，也就是通常所说的“标准化”，是为了使数据维持步骤 5 所需要的权重。

图 1—1 展示了《美国新闻与世界报道》在设计法学院的评定量表时所考量的因素。该量表的编写者总结出四大类共 12 个因子，并为之分配

① 学术能力测验，Scholastic Aptitude Test，简称SAT。——译者注

了权重。至于权重为什么要这样分配，他们能够，也只有他们能够做出解释。其中，所占比重最大的两个因子——其他法学院所打的分数，以及律师和法官打出的分数——来自调查，其他因子所使用的数据则来自法学院自己的报告。

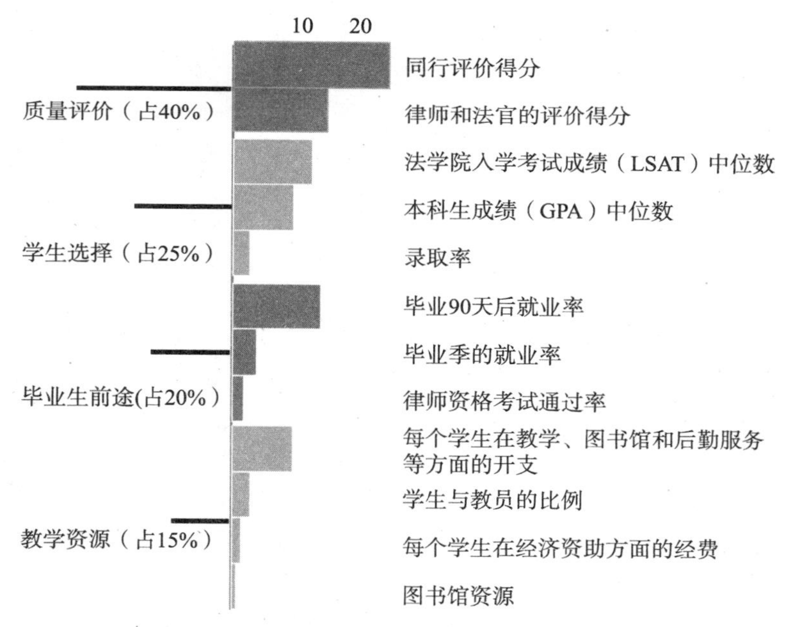

图 1—1 《美国新闻与世界报道》的法学院排名公式的构成要素

《美国新闻与世界报道》所推出的法学院排行榜，自 1987 年诞生那刻起，批评的声音就不绝于耳。学者们毫不留情地揭露它的缺陷，抨击它的独断本质。众所周知，一所大学的声誉，从建立到保持需要几十年的时间，因此，每年公布一次排行榜，似乎是很愚蠢的做法。尤其愚蠢的是，各个法学院在排行榜中的位次变动得很频繁，尤其是在缺乏吸引眼球的大新闻的时候。使用相对性的量表必然会产生明显不合乎逻辑的结果：某法学院虽然跟前一年相比没有任何改变，但在其他法学院实施了变革的情况下，该法学院在排行榜上的位次却会随之上升或者下降。这个调查问卷的设计也叫人费解：他们凭什么期望一所法学院的管理者或者一个律师事务所的合伙人，对全国200个法学院的情况了如指掌呢？另外，人们对这份专业调查问卷的反馈率太低，不到15%。再者，调查对象的选择也是有偏的——全部来自顶级的律师事务所。而对律师事务所进行排名的，不是别人，正是《美国新闻与世界报道》。

NUMBERSENSE
这些抱怨虽然证据充分，不过却毫无意义，而且事实证明了反对《美国新闻与世界报道》这个强有力的营销机器是徒劳的。无论是法学院的排名，还是任何一种主观的排名，不需要有多正确，只要有人相信就好了。

这些抱怨虽然证据充分，不过却毫无意义，而且事实证明了反对《美国新闻与世界报道》这个强有力的营销机器是徒劳的。无论是法学院的排名，还是任何一种主观的排名，不需要有多正确，只要有人相信就好了。即便是备受争议的美国大学自组橄榄球联盟的“碗赛冠军系列”（Bowl Championship Series）排名，也有比较清晰的检验路径。当顶级的球队在季后赛上碰面时，这套排名方法的效果就能够得到验证。可惜法学院之间的这种竞争没法在赛场上真刀真枪地干一架。因此，我们也就无法对任何一种排名方法进行验证。这里不缺“准确性”这种东西，这里比较稀缺的是“信任”。《美国新闻与世界报道》推出的排名跟“小兄弟”研发的排名之间的区别，就好比名牌水、瓶装水跟自来水之间的区别。在我们的时代，我们渐渐适应了各种类型、没有多少科学依据的排行榜。我们在引用尼尔森（Nielsen）的电视评级、米其林的（Michelin）餐厅评级、帕克（Parker）的葡萄酒评级，以及最新的 Klout 对社交媒体的评分时，从来都不过脑子。

《美国新闻与世界报道》的排行榜要是被废除了，就会让位给另一个同样有缺陷的排名体系，所以法学院院长（对排名方法的缺陷）倒不如视而不见的好。作为一位狡猾的招生主任，我们想玩弄一下这个评价体系。首先，我们要攻击的是自我报告式统计。说起来有点儿荒谬，这些“客观”的数据——像本科生的 GPA 和毕业后的就业率，比主观的声誉分数更容易弄虚作假。这是因为我们是数据的唯一提供者。

伪造、精挑细选和换牌游戏

被录取学生的本科 GPA 中位数，是研究生院教学质量的一个信号，同时也是《美国新闻与世界报道》排名公式的一个主要考察因素。将总体按照由高分到低分的顺序排一下序，处在中间位置的那个数值就叫“中位数”。密西根大学法学院 2013 级 GPA 中位数是 3.73（大致相当于 A-），这个班半数的学生在 3.73 到 4.00 之间，另一半在 3.73 以下。

要提高 GPA 中位数，最省力的办法就是直接弄个假的。伪造很容易，不过也很容易露馅。这是因为单个成绩不再跟总体的成绩捆绑在一起。为了降低被查到的风险，我们借助抬高个人的成绩来造出理想的中位数。这样做要花费不少心思，因为我们需要修改的不是一个学生的成绩，而是一批学生的。统计学家将中位数叫做“鲁棒性”（robust）统计量，就是指中位数稳定性好，即便数据里面有极端值，它也不会发生很大变化。

我们首先从 GPA 中位数为 3.73 的情况谈起。比方说，我们拒绝掉一个 GPA3.75 的学生，而将这个名额给 GPA 4.00 的学生，在这种情况下，中位数不会移动。这是因为那个 GPA 为 3.75 的学生，已经排在班级的前 50 名里了。因此，把他或她替换成 GPA 4.00 的学生，改变不了中位数。那要是用 4.00 来替换 3.45 呢，情况会怎么样？结果证明，中位数还是保持不变。这是设计好的，因为《美国新闻与世界报道》的编辑们试图阻挠这种欺骗行为。

图 1—2 解释了为什么中位数如此地稳健。拿掉底部的一块儿，同时在顶部插上一块儿新的，这样将使中间的方块落一个点，新的中位数产生了。不过，新旧两个中位数之间的差距，并不比原来的中位数与其临近数字间的差距大。对密歇根大学法学院这样顶级的研究生院来说，这样做的效果微乎其微，因为处于中间位置的学生大约有 180 个，这些学生的成绩挤在 0.28 分的区间范围内。这也很好理解，这些研究生院挑学生是出了名地严格（备注：B+ 和 A- 之间的差距是 0.33 分）。

《美国新闻与世界报道》的编辑们也许以为使用中位数就能阻止我们操纵排名。不过，现在他们奈何不了我们了，是吧？只要我们替换足够数量的学生，中位数就会改变。当然，干预学生的成绩是容易被查到的。我们宁愿采用一种不留痕迹的方法。在整个招生季，我们要全程监视 GPA 中位数，逐个为学生建好档案，避免再接触已提交的数据。

更吸引人的办法是使用内置的保护机制。很少人会指责我们为了跟对手竞争优质生源而提供绩优奖学金（merit-based scholarships）吧。奖学金是学生在选择学校时所考虑的最重要的标准之一。因此，我们划拨基金给那些 GPA 成绩刚好达标的学生。与此同时，我们扣发那些优等生的奖学金，因为这些学生有可能跑到我们的对手那边去。与其把全额奖学金发给一名学生，为什么不试试将这些钱一劈两半来影响两个申请者呢？

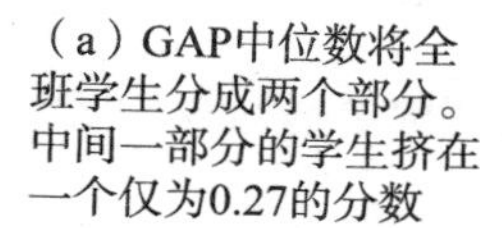

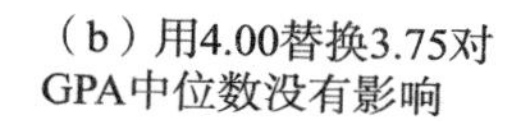

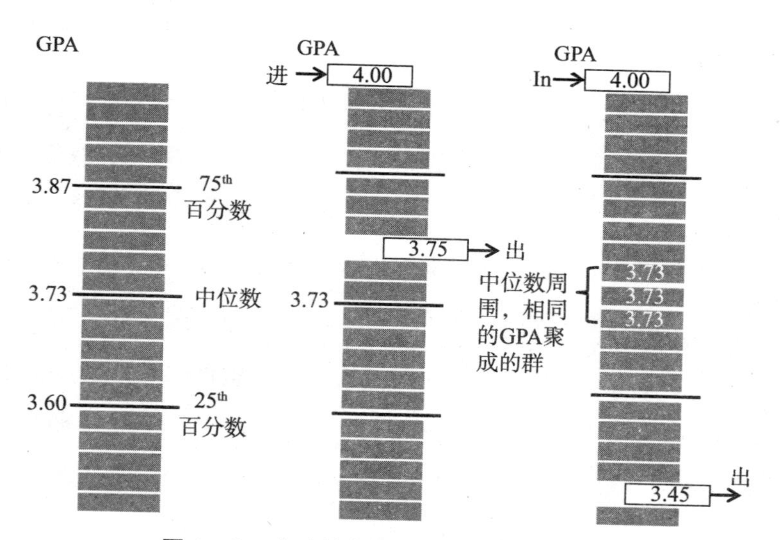

图 1—2　变动单个数据来伪造 GPA 中位数

包括《美国新闻与世界报道》在内的大部分评定系统都有个缺陷，

那就是将不同学校的 GPA 等同，即使每个人都知道每个学校有自己的的评分文化，教师对学生的期望有别，课程的难度也不尽相同，同学的竞争力也有高有低。因此，这个缺陷完全可以被利用。

我们喜欢那些向我们输送 GPA 优等生的学校。那些处于优势地位的大学——比如,普林斯顿大学 2004 年启动了一项不切实际的“分数紧缩”政策——保持分数。不过，我们可以从他们的“蓝领”竞争者那里挖 GPA 优等生。类似的道理，我们很喜欢那些得 A 很容易的科系，这意味着这些科系英语专业或者教育专业比较多，而工程或者科学专业比较少。没人会因为我们接收优等生而说三道四。我们低调地挑选对我们有利的学校和课程设置，而且不会有任何良心上的过不去，因为我们不用去擦除或者篡改数据。

NUMBERSENSE

当服务生不注意的时候，你偷偷把饮料带进电影城，最近一次这样做是什么时候？我们在分析数据的时候，也可以耍类似的小把戏。

当服务生不注意的时候，你偷偷把饮料带进电影城，最近一次这样做是什么时候？我们在分析数据的时候，也可以耍类似的小把戏。让我们把比较弱的学生藏起来。每年，申请者们在很多方面打动了我们，但绝不仅仅是因为 GPA 成绩高。接受这样的候选人，会拖累我们的 GPA 中位数，并有损我们之前在《美国新闻与世界报道》上的排名。我们不会将这些很有希望的学生拒之门外，而是将他们送去上暑期班。这样一来，他们在第一个学期的课业负担就减轻了，他们变成了“非全日制”学生。《美国新闻与世界报道》在排名时对“非全日制”学生是忽略不计的。二者选一或者作为备用选择，我们鼓励这些申请者先去读个二流的法学院，一年以后再以转校生的身份回来申请。对于这批学生，《美国新闻与世界报道》在排名时同样是忽略不计的。

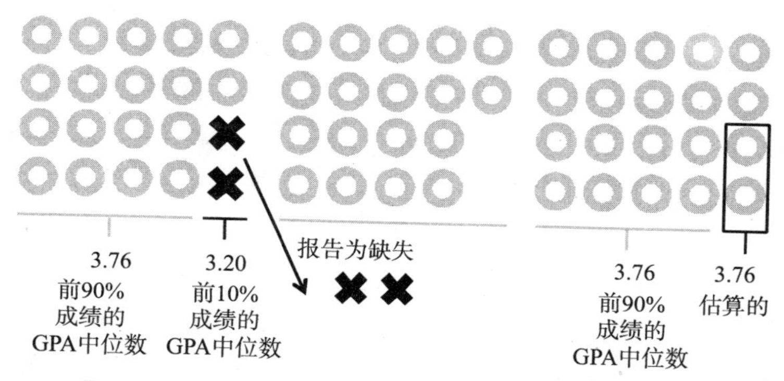

图 1—3　换牌游戏：将“不利的”GPA 成绩报告为缺失

（注：原因是，平均值插补法会将这些缺失值设定为已录取考生 GPA 的均值。）

以上策略利用了缺失值。缺失值是统计学家的盲点。要是他们没有充分重视，就会把这些小细节忘到脑后。即便他们注意到了，也会不经意地向我们这边倾斜。大部分评价体系都忽略掉了缺失值。将 GPA 低分报告为“无效”，是一种提高 GPA 中位数的小魔术。有时，统计学家试图将这些空格补上。平均值插补法（mean imputation）是技术术语，意思是用现有的存在值来插补缺失值。假如我们将一个低于平均值的 GPA 提交为“未知”，那么统计学家就会将这些空格用平均值取代，我们在借枪打鸟，对不对？（要了解这个小把戏怎么运作的，如图 1—3）假设某个学生患上了抑郁症，或者在国外学习了一个学期，但是学校不给分数，又或者课业多到不近人情的程度，又或者遭遇了其他的异常挑战，我们只要以“离开了公平的竞争环境”为由，将这些让人头疼的 GPA 抹掉就万事大吉了。

生活是不公平的，对这些就读于一流法学院的天之骄子也是一样。同一个学生，要是进入的是一间普通大学，他们可能会获得更高的 GPA 分数，我们有理由对他们提交的成绩进行调整或者宣布无效。我们需要告诉媒体，问题不在于这些数字拖累了我们的中位数，而在于这些分数会产生误导性！谢天谢地，我们终于摆脱了坏数据。

如果我们允许分析人员将这些空格补上，那为什么我们不自己来做呢？我们的估算肯定要好一些，因为我们是这个领域的专家啊！比如，美国本土以外的申请者通常比较优秀，不过，他们学校所使用的不是美国式的 GPA 评价体系。与其将这些学生的成绩报告标为“不知”，还不如基于以往的判断给这些学生评个 4 分呢。

我们还有更激进的选择。我们可以选择班级的录取规模。通过缩小录取规模，普通的录取通知就流到了那些 GPA 成绩较高的人手里。况且，缩小规模提升了学校的门槛，学校门槛的提高又会吸引 GPA 成绩更高的申请者（如图 1—4）。在经济低迷时期，我们因为招生规模的缩小而责怪麻烦缠身的法律职业。我们财务部门的同事可能会有异议，他们担心这样做，下年收入会受影响——不过，我们向他们保证，收入不会减少，只会增多。具体做法是，除了扩大第二年的转校生规模，也扩大非全日制学生的规模。

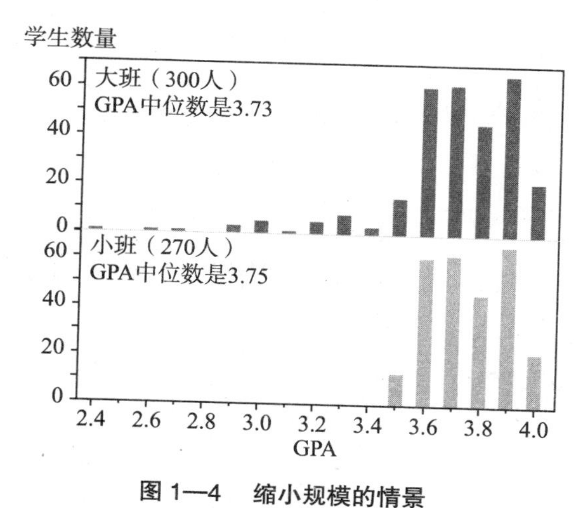

图 1—4 缩小规模的情景

说明：图 1—4 显示了缩小规模的情景，即砍掉一部分名额，并且申请者池保持不变，GPA 成绩会自动提高。要是该校的录取率比较低被广为流传的话，也许会吸引到 GPA 优等生。

正在消失的行为、不限量、学校之间的联系以及部分得分

2011 年 6 月，也就是在启动“狼獾奖学金计划”的两年之后，招生主任莎拉·易尔法斯对该计划感觉很满意。她在写给法学院就业指导中心的一篇博客中告诉学生：

总的来说，我们对“狼獾奖学金”这个实验性的招生计划很满意。在经过为期五年的实验阶段后，我们将把这个项目固定化，使其成为密歇根大学招生项目包中的一员。我对此很有信心。

密歇根大学 GPA 成绩优异的本科生，成为法学院申请中特殊的一类，他们不要求提交 LSAT 成绩。这个豁免权弄得评论家很不爽。密歇根大

学法学院的这项规定看起来很像换牌游戏的变种，精确地调整并提升LSAT中位数。LSAT中位数是《美国新闻与世界报道》评价体系的另一个组成部分。

我们用来控制GPA中位数的大部分手段都可以拿来对付LSAT中位数。每次将一个中位数以下的成绩替换成中位数以上的，起到的作用微乎其微。同样，用奖学金来诱惑成绩合适的学生的效果也不大。然而，将成绩比较弱的学生招进非全日制项目，或者将他们暂“借”给其他法学院一年，也许管用。有文件证明身患残障，比如说患有“诵读障碍”的考生理所当然地被认为处于“适应”状态，对这些考生可以免于考虑。再比如说，让更多的一年级学生不及格，从而将那些能力低的学生从“池”中清除出去。于是，LSAT和GPA的中位数就有了提升，然后我们就可以开新闻发布会，大大地自夸一下我们的学术水准变强了。

我们跟那些GPA成绩不错而LSAT成绩拿不出手的学生联系，劝他们重考一次。这种十拿九稳的手段值得拥有充足的资源。LSAT是用来测量学生的阅读跟语言推理技能的，而且能够预测学生在一年级的学业表现。法学院入学委员会（Law School Admission Council）每年在全球举行15万人次的考试。参加过标准化考试的人都知道，考生的表现随着题目组合、考场设施、考试当天的精神状态以及其他考生相对水平的不同而有所变化。LSAT在一个误差范围内测定学生的能力，这个误差范围叫做得分区间。LSAT的分数，经过重复测验，落在一个120~180分的量尺上，误差范围通常在6分左右。统计学家将得分区间上任何一点的成绩视为统计意义上的等效。如果他们一定要选一个最好的指标来表示某个申请者的能力，那就用平均分好了。不管怎么样，我们还是跟美国大多数法学院一样，鼓励申请者提交最高成绩。任何东西的最大值都很可能是异常值，考试成绩的最大值几乎可以肯定是夸大了申请者的能力。学生们喜欢我们，实质上是喜欢“不限量”。这种政策暴露了重复测试的缺点。要是新的成绩更好，那就使得申请者变强了。要是比原来还低，新成绩就蒸发了。对于决心提高 LSAT 中位数的招生主任来说，重复测试就是天赐之物。如图 1—5 所示，我们武装了统计变异量：申请者“池”保持不变（人还是那些人），不过，我们对他们能力的评价却慷慨地提高了。

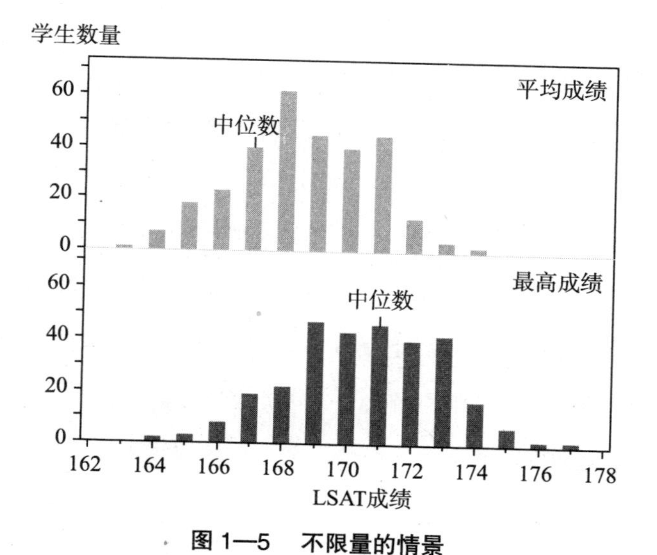

图 1—5　不限量的情景

说明：图 1—5 显示了不限量的情景，即对一个多次考过 LSAT 的申请者来说，其最好成绩不会低于平均数或中位数。看看最高成绩，整个分数分布都上移了。在这个例子中，假定每名考生考了三次。

实际上，我们至少应该要求每个申请者参加五次 LSAT 考试。此刻我们有点儿得意忘形了——先考两次吧，也许几年之后，他们会被迫重考更多次。这样做，只有统计学家一方不高兴而已。

我们也想保持一个让人印象深刻的低录取率。不过，比率是个比较宽泛的目标，减少录取的人数，要么增加申请者的数量。收缩每个毕业班的规模也能将录取率降下来，将差学生重新分到非全日制班或者恢复插校生身份，也能降低录取率。操控录取的数量受到小班规模的限制，比如要招收 300 人。假设有 3 000 个申请者，那么我们的录取率就是 20%（假定接受率[①]是 50%）。如果将班级的规模缩减 10%，也是就说招 270 人，那么录取率将降到 18%。这样做问题在于，放弃这么一大块收入来获得这点边际收益（marginal gain）是否值得。

幸运的是，我们还可以通过再寻找 334 个新申请者产生同样的结果，换句话说，我们专注于考虑录取率的分母而不是分子。对于任何一位有经验的营销人员来说，这样做花费的成本都不值一提。首先，从宣布放弃申请费开始。接着，找出一些不太可能被录取的申请者，然后通过大量宣传鼓动他们前去申请。比较容易上钩的是应届毕业生。一般来说，专业研究生院都会要求申请者具有一定的工作经验。说了这么多，总之我们不遗余力地撺掇本科生来申请，然后只录取其中的佼佼者。另一个极好的举措是向少数人群进行推广。这既提高我们的选择标准，又赢得

① 录取率（acceptance rate）：大学发放出的录取通知书的数除以申请该学校的总申请人数。原则上，录取率的高低显示该学校难进的程度。接受率（yield rate）：学生最终登记入学的人数除以该学校当年发放的录取通知书。接受率可以看成是学生对学校的选择。——译者注

了公众的好感。

最有效的计划有时候恰恰是最简单的。我们偷来一个好点子（其实这个点子已经扩散到了美国近 500 所大学）：创造一个唯一的、统一的“通用申请”。这个政策给学生提供了很大方便。其基本原理就跟网站鼓励新用户避开注册程序，而使用现有的 Facebook 或者“谷歌连接”账号进行登录的道理是一样的。对法学院来说，这是个减少录取率的巧妙方法，就像对网站来说，这是一种提高登录率的好方法一样。只要轻轻一点，学生们就能将相同的表格提交给更多的法学院，申请者的总数就会迅猛增加。由于参与该项目的法学院并没有扩充一年级的招生名额，录取率就会跳水。图 1—6 描述的机制同时适用于每所法学院。值得注意的是，我们在争夺学生的激烈战斗中，形成了一种互助合作的局面。“通用申请”是托起所有船只的浪花。

反正都有点儿过分了，何不再过分一点，去“买”一些申请者呢？是的，你没看错：付钱请人去申请。很多名气较大的公司，他们一再利用这个策略来提高评分。比如，对任何一家稍有名气的品牌来说，开通一个 Facebook 账号已经变成了一种义务，因为有上亿的网友在那个网站闲逛。Facebook 推出的点“赞”按钮，如今已经风靡整个网络世界。市场经理将其作为营销是否成功的测量标准。当总裁问询销售团队取得了什么成绩时，得到这样的回答一点儿都不反常：“这个星期，我们在 Facebook 上的促销得到了 10 224 个赞。”将这句话翻译成我们能理解的语言就是：“我们告诉 Facebook 用户，只要给我们点个赞，就有一份小礼物相赠。结果，就有 10 224 个用户这么做了。”同样，要诱使 334 个新申请者前来报名，只要拿出一点预算就好了。

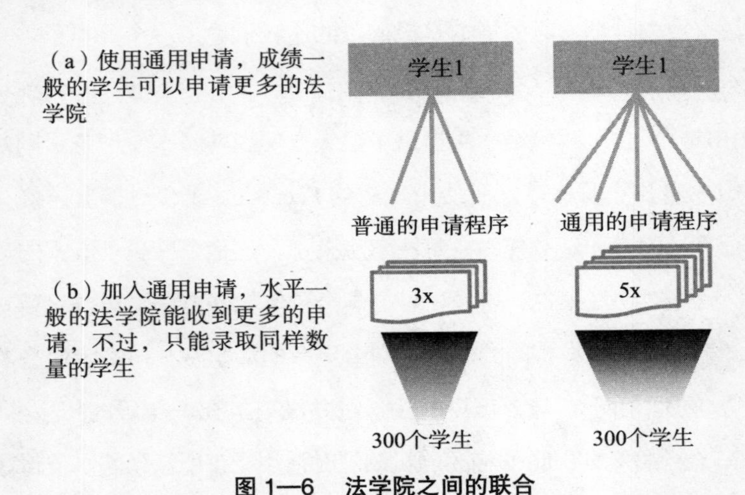

图 1—6　法学院之间的联合

说明：图 1—6 展示了法学院之间的联合。当法学院招生数量固定时，申请的人数越多，录取率就越低。通用申请对所有大学院都大有好处。

当资金紧张的时候，我们就变得更有创造力。我们又想到了一个法子，保证我们计算了每份申请。我的意思是，包括了那些信息不全的和中途放弃的申请（如图 1—7）。在计数之前，将每份录取通知书检查两遍。要是有人拒绝我们，我们就说他自愿撤回了申请。我们统计的是入学人数而非录取人数。我们召集拟录取的学生到办公室，探询他们的首选目标。我们干嘛要在一个水平一流但终会抛弃我们的申请者身上浪费一个名额呢？

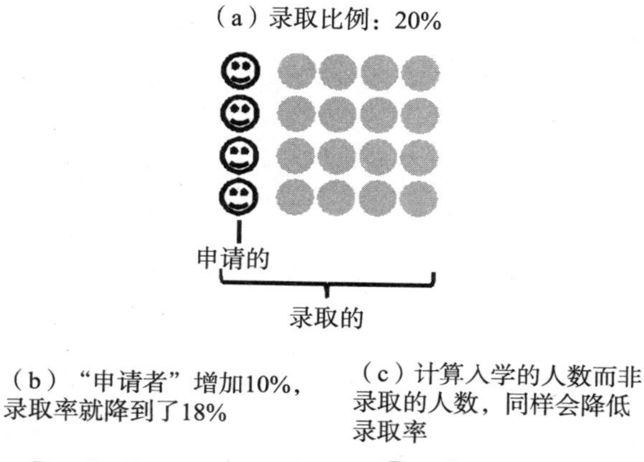

图 1—7　录取情况

说明：图 1—7 展示了部分分数。既然提交表格不齐全的申请者被录取的概率为零，他们就增加了申请者的数量，从而使得录取率变得更低。

制造工作数据

《美国新闻与世界报道》使用 GPA、LSAT 成绩和金融资源来衡量教育投入。教育回报同样要进行评估，其中就业率是重要的评估要素。我们的学生花费或者贷款 20 万美元得到一个法学学位，他们毕业后需要找到一个高薪工作来证明当初的投资是划算的。

就业率所遵循的规则跟录取率一样，都是比率。就像我们尽可能少地统计合格应届生一样，我们只需尽可能多地统计工作岗位就好了。令人震惊的是，我们竟然能够通过扼杀数字来侥幸过关。我们的学生在两份调查问卷中报告他们目前的就业状态，一份是在法学院最后一个学期的调查，另一份是在他们毕业后九个月内的。然后，我们把数据提交给《美国新闻与世界报道》及其他相关部门。美国国家法律就业协会（National Association for Law Placement）要求我们在提交数据之前要把空格填好。让我们高兴的是，这样一来，这个规则就帮了我们的大忙。

数据缺失是我们的好朋友。我们之前讲过的、很受欢迎的中位数插补法技术，提出了一个大胆的断言：忽略调查问卷的那些毕业生可能做出的回答跟已回复者没有差别。这个断言是不真实的。那些在大律师事务所找到工作的毕业生，更有可能填写就业问卷。而那些依然处于待业状态的毕业生则很可能不会填写。《美国新闻与世界报道》的排名游戏，把每个人拉了进来，荣辱与共，风险共担。在毕业很久以后，这个排行榜赐予了我们吹牛的权利。对很多统计学家而言，中位数插补法是一种安全出路。借助这个技术，就不必费心去猜其他人会对那些调查问卷作出何种反应。因为他们没有虚构任何数据，但看上去就好像他们在让数字说话。不过，当我们把那些隐秘的、虚假的假定弄清楚后，就会发现这些数字其实是有误导性的。我们在本书第 6 章将遇到一个关于就业数据的例子。在这个例子中，我们基于合理的猜测——比如，回答问卷的人数是可能已就业人数的两倍，以此来增加数据。在这种情形下，这种做法是应该鼓励的。不过，作为一位狡猾的招生主任，我们之所以采用平均值插补法，恰恰是因为这种方法能够虚增就业统计量。

到目前为止，我们已经将那些既未就业也没填写调查问卷的人，排除在视线之外了。不过，就业率依然跟调查数据捆绑在一起。为了进一步撇清两者之间的关联，我们又做了另一个大胆的论断：我们假定每位毕业生成功就业，除非发现相反的证据。考虑到之前的毕业生在就业市场上的成功，这个假定还不错。为了更积极地收集信息，我们指派一些勤工俭学的学生，给那些没有回答就业问卷的毕业生打电话。我们的目的是确认他们是无业状态吗？不，不是那么回事。我们给他们电话留言：要是想把自己算进未就业人群的话，请给我们回电话。

第二份调查问卷，我们只发放给那些忽略第一份调查问卷的人。这个既环保、友好又省钱的方法，能够确保就业数据在毕业之后的九个月只升不降。要是毕业生在中间的这几个月里失去工作，我们就可以冠冕堂皇地说不清楚。效仿山姆大叔的做法（参看第 6 章），我们将那些没有积极找工作的毕业生——比如那些正在国外旅行的，从就业数据中除掉。

我们将注意力从统计谁找到了工作调整到统计找到了什么工作。工作只是一份工作而已。不是每个人都能有幸成为“大律所”（BIGLAW）的合伙人。我们统计所有的工作，不管是全职的还是兼职的，不管是固定的还是临时的，不管是在大商场还是夫妻店，不管是需要律师执照的还是不需要的。不管是在星巴克调星冰乐，还是在 AA 美国服饰（American Apparel）卖 T 恤，抑或是在当地酒吧表演单口喜剧——这些都是合理合法的工作。我们打电话给身居要职的朋友，比如，安排学生到法院做短期学徒，资金方面当然是由法学院出。要是还不够，我们就内部消化，把他们安置在实验室、图书馆、餐厅，都是可以的嘛。为身负巨额债务又无力偿还的学生们提供就业机会在道义上是完全正确的。在第一份调查问卷之前，我们为这些还没找到工作的应届生提供一份临时的工作。六个月之后，我们将这些工作转给第二组，这样就有充足的时间用来应付第二次调查问卷。

问卷生存游戏、秘密协议、有提示的记忆

到目前为止，我们已经绕过了《美国新闻与世界报道》排名公式中最难应付的两个部分。接下来是，占总分的40%声誉分数。其中，同行评价问卷的影响力尤其巨大。每年，《美国新闻与世界报道》会从每所法学院抽4个人，请他们在一个五级量表（“边缘”到“优秀”）上给其他法学院打分。一般，有发言权的4个人分别是招生主任、学术主任、招聘委员会主任及刚晋升的终身教授。这四个人负责为所有的法学院投票打分。虽然我们认为，没有一个人有资格对全部200所法学院进行评价（《美国新闻与世界报道》没有公开平均每位评分者为多少所法学院打了分——可能是十几个或者上百个）。然后，将所获得的全部选票进行平均，就得到了每所学校的声誉分数。这个主观的度量，操作起来要比自我报告的“客观”数据难得多。

学术问卷的回收率大约有70%，而针对律师和法官的问卷回收率只有12%。这样比较，学术问卷的回收率已经是相当高了。据称大多数法学院主任都非常痛恨《美国新闻与世界报道》的排行榜，但他们的热情投票表明绝大多数仍然是照章办事的。既然这样，我们也要敦促自己的

4 个代表及时返还问卷。没有一个情境不会进行对结果造成影响——不管是他们孩子的第一个生日，还是他们新房的竣工。

> **NUMBERSENSE**
>
> 我们必须将最差的分数留给跟我们势均力敌的竞争对手。这不是什么傲慢自大或是权术主义，而是一种生存本能。虽然许多观察员认为我们不能操纵调查问卷的结果。

我们必须将最差的分数留给跟我们势均力敌的竞争对手。这不是什么傲慢自大或是权术主义，而是一种生存本能。你仔细思量一下这个令人费解的事实吧：拥有顶级声誉、一流的师资跟杰出毕业生的哈佛和耶鲁法学院，在 1998 年至 2008 这十年间，所得到的同行评分，平均为 4.84（满分 5.00）。很明显，在收回的那些问卷里面，至少有 16% 的人将这两所著名的法学院排在全美前 40 所法学院之外（这个计算显示每个回答者都将哈佛和耶鲁排在 80 名之内）。我们为了自己的学生和校友而继续跟其他主任竞争。

我们跟排名中等特别是那些有希望晋级的法学院之间做个秘密协定：给对方打个 5.00 分，同时，给对方的竞争对手摘掉几颗星。

许多观察员认为我们不能操纵调查问卷的结果。实际上，我们可以。为了实现这个目的，我们雇用了一位品牌营销方面的权威人士来辅助我们。这位专家告诉我们，这些《美国新闻与世界报道》的调查问卷，实质上不是关于教育质量的，而是关于商业中所谓的提示品牌认知（aided brand awareness）的。在一个典型的测试中，给消费者一张品牌列表，问他们认识哪个。不出所料，那些印象越深的品牌越受欢迎。公司需要更多的无提示品牌认知，也就是说潜在的客户不需任何提示就能记起品牌的名字。对参与《美国新闻与世界报道》调查的人来说，在 200 所法学院中，几乎没有几个人能对5所以上的学院进行深入了解。不过，一个积极的、可辨别的品牌形象却能够帮助学校克服公众对它的不熟悉。

品牌顾问指出，我们只需要向约800个学者、1 000个律师和法官推广我们的法学院就可以了。实际上，一个比这更小的组合也是具有可塑性的。每年，我们大约能收回200份调查问卷。假设每个回答者对50所法学院投了票，那么每所学校的等级分数就代表了这50个人的平均意见。这样一来，再找一小批人给我们投票，结果就会有所不同。反过来，找一小撮人来诋毁我们的对手，也会起作用。由于这些支持者的联系方式一般来说是公开的，因此，像邮寄宣传品、群发邮件以及打营销电话等直接营销技术，都是很有希望的。约翰·肯博斯（John Caples）的经典著作《广告测试的方法》（*Tested Advertising Methods*），包含了数十年积累的、丰富的科学测试实践。成功的大标题能引起人们的阅读兴趣，传递信息。一份塞满卖点（sales arguments）的长文案胜过一份没有内容的短文案。那么，用什么样的关键词好呢？像“发布”、“新”以及“最后”等，效果都会很不错。要避免使用诗歌或者浮华的辞藻，反复沟通能强化营销信息，亮丽的材料可以从一大堆邮递广告中脱颖而出。这些以及其他学问都已经过实践验证。

营销人员通常会为一则广告写两个版本的文案，并比较每种文案回应者的多寡。比如，一封邮件的标题为“发布一款性能卓越的新车”，另一封邮件题为“一款性能卓越的新车”。当两组收信人各方面条件尽可能相似的时候，他们之间的比较才是有效的。要是钱不成问题，我们就可以把营销材料发放给范围更广的读者，比如说，在主任办公室外面遇到的教师和各色各样的法律工作者。由于这些人跟我们的目标人群出入相同的社交网络，因此可以从所谓的“光环效应”（halo effect）中受益。

没有哪个主观性的标准能摆脱被操纵的命运（我在第 2 章将回到这个话题）。《美国新闻与世界报道》排名所使用的每个因子都能被利用。被损害的可能性是无限的。反对评级是徒劳无功的，因为这满足了人类的一种需求。如果一个方案被推翻，将有一个新的方案产生并取代它。我们之前攻击的缺陷，将依然存在。大数据只是加剧了这种危险。评级公式越复杂，数字被篡改的机会就越多。数据集越大，审计起来就越困难。拥有数字直觉，意味着：

- 不从表面上判断已公布的数据；
- 知道该问什么问题；
- 能敏锐地发现被篡改的数据。

NUMBERSENSE

没有哪个主观性的标准能摆脱被操纵的命运，并且被损害的可能性是无限的。反对评级是徒劳无功的，因为这满足了人类的一种需求。

拥有数字直觉，意味着：

- 不从表面上判断已公布的数据；
- 知道该问什么问题；
- 能敏锐地发现被篡改的数据。

也许，你在想，除了直觉外，数据消费者还能依靠正直和诚信吗？

牵连共犯

2011 年 11 月，博客“法律之上”在与密歇根大学法学院招生主任莎拉·易尔法斯的较量中，打出了致命一拳。该博主注意到“狼獾奖学金计划”已悄然谢幕。如果你去密歇根大学就业中心的博客上看一眼，就可以发现关于易尔法斯对特招政策的中期评估的文章前多了一篇新的序言。该序言通知读者，该项招生计划将于 7 月废止——而距离易尔法斯为此项招生计划大唱赞歌还不足一个月。

“法律之上”的博主是从伊利诺伊大学学报《伊利诺伊日报》(*Daily Illini*)对易尔法斯做的一次访谈中，发现这个政策转向的。易尔法斯告诉读者:“这个奖学金计划没有产生当初预期的结果。因此，决定不再继续下去。”她没有解释为什么突然改变态度。那期报纸的中心话题是关于易尔法斯在伊利诺伊大学法学院的同行保罗·普勒斯（Paul Pless）的。2008 年普勒斯在伊利诺伊大学，启动了一个跟密歇根大学法学院类似的、面向本校毕业生的招生计划，名字叫做 iLEAP。

普勒斯被人们称作“特立独行者和改革者”，他极力鼓吹这项政策的高明之处:

> 我们可以（用 iLEAP）留住 20 个小私生子[①]，重要的是他们的 GPA 很高，而且没有考过 LSAT，这样就不会影响到该指标的中位数。这个点子非常有创意。我在密歇根大学法学院之前就想到了，只不过他们发布的早一些罢了，并且那时候我认为应该低调行事。

记者恭维普勒斯说他“做得很聪明”，普勒斯也不客气地表示“巧妙地耍弄了《美国新闻与世界报道》的评价体系，我感到很自豪。”普勒斯受到了鼓舞，他进一步描述这个计划:“如果我直到入学都不要求（申请者）提供毕业成绩单，那么，我就可以报告他们的申请表上写的 GPA。”普勒斯很担心，他也应该担心，那些即将升入大四的、已经获

① 意思是指自产自销的本校学生。——译者注

得法学院秋季入学资格的学生，他们的美梦恐怕要泡汤了。他们申请表上的 GPA 有伪造的痕迹，就跟密歇根大学的学生们做法一样。《伊利诺伊日报》了解到 iLEAP 班的 GPA 平均分超过了 3.8。法学院跟学生合伙作假。

看来这次伊利诺伊大学法学院搞得太过分了，以至于普勒斯在密歇根大学法学院的同行都看不下去了。2011 年 11 月，一封不太好看的往来邮件，让伊利诺伊大学法学院（COL）东窗事发。他们承认这六七年提交的数据中存在大规模的造假行为。在普勒斯的授意下，招生办公室向《美国新闻与世界报道》以及其他数据收集机构提供了不实的数据。2011 年，他们将应届生的 GPA 从 3.70 改到 3.81，幅度大到将每个人的 GPA 提高三分之一。除此之外，还给 8 个没有 GPA 的国际学生及另外 13 个以 iLEAP 名义招进来的学生打了 4 分（GPA），这显然是不合规定的。2009 年，该法学院向社会报告的录取率是 29%，跟 2008 年一样。不过，实际上，伊利诺伊大学法学院的实际录取率为 37%。怎么会这样呢？原来，该法学院将“那些收到录取通知书却未登记入学的学生”给删除了，这样一来，录取人数就少算了。而申请者方面呢，他们连申请转学和来法学院进修的候选人（不属于博士计划）也计算在内了，也就是说申请者被多算了。回忆一下“录取率”的计算公式就清楚了，当分子变小而分母变大时，所得到的录取率怎能不变小呢？！

2006 年至 2011 年，伊利诺伊大学法学院同样在 LSAT 成绩上做了手脚，将中位数从 163 提高到了 168。这样大的进步，普勒斯怎么会注意不到呢！他对伊利诺伊大学法学院 2006 年的战略规划，有如下评论：

我们去年一年实现了将 LSAT 的中位数提高 3 分（从 163 分提到 166 分）。据我所知，这在法学院的历史上这是绝无仅有的……由于《美国新闻与世界报道》的法学院排名，给学生所提供的证明书赋予了这么大的权重，因此，要是我们能够提前一年报告这个进步（而其他方面保持不变），那么，伊利诺伊大学法学院在全国的排名在去年就可以由过去的第 27 名跃升到第 20 名了。

两年以后，也就是 2008 年，伊利诺伊大学法学院在年度报告中，讨论了另一个扭曲 LSAT 中位数的话题。当时，这个分数卡在 166 分，很难提高。于是，法学院大幅度增加了奖学金的支出，四年中翻了两番。奖学金以减免学费的方式发放，2010 年发放额度的中位数是 12 500 美元。不过，相关工作人员警告说这样做会导致收入减少。“将 LSAT 的中位数从 166 提高到 167，我们估计要在奖学金上花费 100 万美元。”他们说道。法学院也试图大幅度提高学费，并从里面拿出一大笔钱来充当奖学金。这样做，一方面可以减轻学生的负担，另一方面可以增加他们在《美国新闻与世界报道》排行榜上的活动经费。2011 年，每个学生包括那些名字排在候补名单前面却最终被除名的，至少得到了 2 500 美元的补助。经过这样一番运作，普勒斯创造了奇迹，将 LSAT 的中位数提高到 168 分。后来发现，真实的数字只有 163 分，LSAT 中位数被人为地垫高了 5 分，全班 60% 的成绩被普勒斯做了手脚。中位数就这样被改变了。

普勒斯办公室的行为，不能被贴上“流氓无赖”这样的标签。丑闻曝光后由学校委托实施的一份调查报告中指出，法学院为每个即将招生的法学博士班设定了非常具有挑战性的 LSAT 和 GPA 中位数。2006 年到 2011 年，法学院要使 LSAT 和 GPA 的中位数分别达到 168 和 3.70。普勒斯招募新职员，按照《美国新闻与世界报道》的排名公式，在不同的 LSAT 和 GPA 组合下，进行模拟排名。在 2009 年年初的一封电子邮件中，普勒斯告诉院长："劳利斯（Lawless）的计算显示，用 165/3.8 替代 166/3.7，能提高 4 个名次。"（一个多么不幸的名字啊！伊利诺伊大学教授罗伯特·劳利斯研究出一种预测《美国新闻与世界报道》排名的方法）那年年底，院长告诉监事会（Board of Vistors）："我跟保罗说过，我们应该挑战极限，打破条条框框，冒点风险，做点不一样的尝试。"多年来，普勒斯在工作中备受称赞，而一贯的践行诺言的本领也为他带来了不错的经济回报。

2011 年 2 月，维拉诺瓦大学法学院（Villanova Law School）(《美国新闻与世界报道》排名第 67）承认《美国新闻与世界报道》所用的一些数据"不准确"。在发给校友的一组内部通知中，院长透露到，过去五年我们法学院的 GPA 和 LSAT 成绩都被夸大了，过去三年的录取人数也"不准确"。法学院庆贺自己实施了一个"规范的调查……及时而全面的，"而且"为了扩大了调查……我们积极主动地……"不过，跟伊利诺伊不同的是，维拉诺瓦大学没有交代他们在等级评定时耍诈的程度及所用的方法。《费城问询报》(*Philadelphia Inquirer*）抓住他们这种"不合时宜的沉默"以及拒绝透露调查报告的内容这两点大作文章，让维拉诺瓦大学法学院非常难堪。

2005 年 7 月，《纽约时报》详细披露了罗格斯大学肯顿分校法学院（Rutgers School of Law，Camden）(《美国新闻与世界报道》排名第 72)，试图通过扩招非全日制的项目来提高排名。夏季班留给那些 LSAT 或者 GPA 成绩比较低的人，这样一来，在新学期来临，《美国新闻与世界报道》开始收集数据时，他们还不具备成为全日制学生的资格，因而也就不在《美国新闻与世界报道》的考虑范围内。罗格斯大学肯顿分校法学院的全日制学生入学率，已经连续 7 年下降。该校法学院院长瑞安·所罗门（Rayman Solomon）告诉记者：“这样做，对教育有益，对经济有益，还有一个就是对《美国新闻与世界报道》的排名有好处。”贝勒大学法学院（Baylor University’s School of Law）（《美国新闻与世界报道》的排行榜中排名第 50）也从类似的政策中得到了好处。

法学院逃过经济衰退一劫

2010 年 5 月，辛辛那提大学（University of Cincinnati）的法学教授保罗·卡隆（Paul Caron），在他的博客“税务专家”（TaxPro）上贴出一张让人吃惊的图表。该图表显示出一条陡然上升的直线，从 2002 年的 35% 上升到 2011 年的近 75%。随着美国经济陷入萧条，显然，越来越多的法学院，一旦学生们走出校门，就中断了与学校的联系，就弄不清楚他们究竟在做什么。到 2011 年，有四分之三的法学院没法向《美国新闻与世界报道》提交毕业生的就业数据。因此，他们只好默许《美国新闻与世界报道》的编辑们依据一个已经公开的、不过令人难以理解的公式把空格补上。杂志社规定：毕业季的就业率大致要比毕业 90 天后得到的数据低 30%。毕业 90 天之后的就业率，几乎所有学校都会坚持提供，也许是因为这是美国律师协会（ABA）所要求的吧。卡隆发现，在《美国新闻与世界报道》鉴定合格的 200 多所法学院中，只有 16 所法学院提交的数据，其毕业季的就业率比 90 天后的数据低 30% 或者更多。而一些隐瞒这个数据的法学院，其在排行榜中的位次就会有显著提高。这 16 所诚实的法学院，最高排在第 80 位或者稍低一些，大部分处在第三梯队（在 200 所法学院中排在 100 到 150 之间）。排在前 100 名的法学院所提供的就业率没有一个会低于《美国新闻与世界报道》的编辑可能会输入的数字。令人难以置信的是，《美国新闻与世界报道》的编辑们竟然对卡隆的讨论作出了回应。他们宣布今后将改变方法，并且不再公开修改过的公式。不过，隐藏信息并不能阻止雄心勃勃的法学院院长对公式进行逆向解码，也不能阻止他们伪造数据。

NUMBERSENSE

隐藏信息并不能阻止雄心勃勃的法学院院长对公式进行逆向解码，也不能阻止他们伪造数据。

那些卡隆博客的精明的读者，注意到那 16 所、大部分排在 100 名之后的法学院，宣称自己学院 89% 到 97% 的学生在毕业 90 天之内找到了工作。可实际上，《美国新闻与世界报道》告诉读者，2011 年，在前 10 所法学院里，有 40% 的学校报告说他们的学生 90% 以上是在毕业 9 个月后找到了工作。其中 9 所法学院报告有 97% 或者 97% 以上的学生找到了工作。南加州大学法学院（在《美国新闻与世界报道》排名第 18）一本正经地报告，他们学校毕业 9 个月后的就业率是 99.3%。这个数据让哈佛、耶鲁和斯坦福这样一流的名校自惭形秽。想象一下吧，你 2009 年毕业于全美 200 强法学院的博士班，是唯一一个至今没有工作的！跟统计数据形成对比的是，两位埃默里大学（Emory University）的法学教授唤起了一个身处一线的人们无法否认的现实：“从2008年开始，法律专业陷入了至少一代人未曾遭遇过的、最严峻的就业衰退期——许多人会争辩说，不是“衰退”而是“萧条”。

2012年4月，美国律师协会披露了新晋法学博士的就业情况。这些获得认证的法学院，有史以来第一次将工作进行了分类，比如，这个职位是临时的还是长期的，是不是学校资助的。美国律师协会迫于来自批评人士的压力修改了报告指南。这些批评者嘲笑法学院年复一年提交做梦一般的就业数据，而《美国新闻与世界报道》的编辑们未经审查，就将这些数据予以全盘接受。美国律师协会的数据库（如果可以被信任）显示只有55%的“被雇用者”拥有一份全职的、长期的且需要法学博士学位的工作。大多数有资格认证的法学院表现得甚至更差。很多工作，尤其是被那些不入流的法学院计入总数的工作，收入甚至不足以偿还学生的贷款。此外，有四分之一的法学院为5%或者更多的毕业班学生创造就业机会。排名靠前的法学院更急于为学生创造工作机会：耶鲁大学（《美国新闻与世界报道》排名第1）、芝加哥大学（《美国新闻与世界报道》排名第5）、纽约大学（《美国新闻与世界报道》排名第6）、弗吉尼亚大学（《美国新闻与世界报道》排名第7）、乔治敦大学（《美国新闻与世界报道》排名13），还有康奈尔大学（《美国新闻与世界报道》排名第14），这几所大学的法学院都排在前20位，且雇用了11%~23%的本校毕业生。从2010年开始，南卫理公会大学（Southern Methodist University，简称SMU）、戴德曼法学院（Dedman School of Law）（《美国新闻与世界报道》排名第48）付钱给律师事务所请他们为自己的毕业生提供一个为期两个月的实习岗位。整个班里大约有 20% 的人参加了这个项目。戴德曼法学院将这个岗位看作是雇主出钱提供的，虽然实际上这些大律所什么钱也没掏。

除了这种令人难以置信的就业率外，法学院还抛出了另一份非凡的业绩，那就是提供了全班 96% 同学的就业数据。这么高的应答率却未见到任何种类的调查问卷。科罗拉多大学博尔德分校（University of Colorado，Boulder）的法学教授保罗·坎波斯（Paul Campos），在《法学院内部的骗局》（*Inside the Law School Scam*）的博文中说，他发现在那些含有缺失值的数据中，有十分之一来自一所叫做托马斯库勒（Thomas M.Cooley）的法学院（在《美国新闻与世界报道》排名中属于第四流）。库勒法学院的网站上揭示了美国律师协会是如何默许法学院编造工作数据的。我们假定每位毕业生都有一份长期的全职工作，除非有相反的证据出现。纽约大学法学院院长理查德·马塔萨（Richard Matasar）曾经写出了很多传奇性的、玩转评级游戏的"诀窍"。其中一个手段就是"给毕业生打电话，给他们留言，如果不回电话，就假定他们已经就业了。"我们也从库勒披露的信息中获知，在临时法律机构就职的那些人也被认为是找到了全职的、长期的职位。

2012 年 5 月，隶属于加州大学体系的黑斯廷斯法学院（Hastings College of the Law）（《美国新闻与世界报道》排名第 44），计划用三年时间将招生人数缩减 20%。该法学院院长弗兰克·吴（Frank Wu）解释这项紧缩措施的一些好处："作为一所比较小的学院，我们将会有更好的标准，学生们将会有更好的体验，学校也会有更好的就业率。这样，法学院名次的上升就是可预期的结果。该学院的院长更发表了如下的声明以回应某些人士的质疑：

> 加州大学黑斯廷斯法学院是非常严肃地对待学院排名的，并竭力提高我们在排行榜中的名次。我们已经展示了良好的数据分析能力，接着将采取行动，不过，我们只做那些有益于学术且符合学术道德的事情。

距离黑斯廷斯做出这个声明不到一个月，乔治·华盛顿大学也宣布要缩减其法学院（《美国新闻与世界报道》排名第20）的班级规模。其他法学院无疑也将开始效仿。

塞克斯顿主义

芝加哥大学法学教授布莱恩·莱特（Brian Leiter），以自己的标准制定并发表了一个备用的法学院排行榜。2005年8月,他在自己的博客“布莱恩·莱特的法学院研究报告”（Brian Leiter's Law School Reports）上，写了一系列博文，每篇博文以“塞克斯顿观察”（Sextonism Watch）开头。约翰·塞克斯顿（John Sexton）是纽约大学法学院的前任院长、纽约大学的现任校长。塞克斯顿在法律系,被认为是“法律色情刊物”（law porn）的发明者。这些所谓的“法律色情刊物”，基本上是一些宣传广告之类的。这些刊物，在向同业推介自己的学院，描述所取得的成就时，“用语不加克制，风格夸张搞笑”。这些宣传品被寄送到全国上千名法学院行政人员手里。纽约大学早期的营销手段之一，便是印刷一些精美的杂志和小册子，封面印着著名哲学家、律师罗纳德·德沃金（Ronald

Dworkin）的照片，写着夸张的大标题“法学院”（The Law School）三个大字，冠词“The”放在复合名词“Law School”上面。这份长达 43 页、包含 8 个小手册、差不多 6 磅重的宣传材料，要在一个星期内寄到另一位法学教授的邮箱里。这位教授在“专栏作家宣言”（Columnist Manifesto）上开了匿名博客。那时在明尼苏达大学教书、并且给“金钱法律”（MoneyLaw）博客写博文的吉姆·陈（Jim Chen），跟别人的看法不同，他将“塞克斯顿主义”定义为“是教育机构针对其候选人和竞争对手所进行的灵活的推广宣传（要是并非完全可信的话）。”

从 2005 年开始，很多法学院也加入了“注意力占有率”（mind share）的争夺战。数十年的消费者研究，充分证明直接邮递宣传品能够增强辅助回忆度（aided recall），这些宣传材料能够影响那些负责填写《美国新闻与世界报道》的调查问卷的院长或律师。这些推介材料的专业化水准，表明法学院已经建立起复杂的品牌运营机制。他们就跟成熟的公司一样，测试各种各样的版式、纸张和设计。他们也跟经验丰富的广告商那样，利用礼物和特价来争取人们的关注。阿拉巴马大学法学院（University of Alabama School of Law）的保罗·霍维茨（Paul Horwitz），开了一个叫做 PrawfsBlawg 的博客，他在粉丝的帮助下，列出了一些可以作为赠品送给客座教授的、又不是很贵的小东西：大咖啡杯、帽子、针织软帽、笔记本、包、厨房专用磁铁、杯垫、钟表、读书灯、巧克力、红酒、咖啡豆及其他东西，上面都带有法学院的徽标。用市场营销的说法就是，期望这些“高冲击力的宣传品”能帮助法学院摆脱供过于求的困境。

无济于事

21世纪初，我们狡猾的常务院长无疑已经从编造的小册子中走出来，亲自去法学院威严的办公室拜访游说。一连串的丑闻威胁到《美国新闻与世界报道》排名的权威性，同时也有损法学院管理者的信誉。肩负教育下一代这个重要使命的教育机构，正从事一些不道德的行为，还被抓了个措手不及。这些政策的教育效果，往好里说是不光彩，往坏里说是耍诈、搞阴谋。当然，也有一些反击的声音，比如说，胆大包天将LSAT的成绩篡改，也许仅仅是一种个别行为；其他手段，比如，虚构工作数据，将全日制的学生重新打回非全日制，有人认为这是品质管理的一种工具而已。你可能听过兰斯·阿姆斯特朗（Lance Armstrong）的道歉吧，他反驳说，当每个人都这样做的时候，就不能算“作弊”。

我们所知道的显然是冰山一角。除了上面那些，研究者也注意到法学院在以下方面有大幅度的上升：

- 法学院一年级学生的退学率；
- 虚假的花费加重了每个学生的负担；
- 可能多算了在大律所找到工作的毕业生人数；

与此同时，作弊丑闻也吞没了《美国新闻与世界报道》的大学排名。克莱蒙特麦肯纳学院（Claremont McKenna College）（在公立艺术类院校中，《美国新闻与世界报道》将其排在第9位），埃默里大学（在公立大学中，《美国新闻与世界报道》将其排在第20位），爱纳大学（Iona College）（在北部地区的大学中，《美国新闻与世界报道》将其排在第30

位），每所大学都承认曾经篡改过各种统计数据。海军军官学校（Naval Academy）被指控将信息不全的申请者计算在内，以维持其超低的录取神话。新泽西州的几所大学也被发现虚报了 SAT 成绩。

美国的大学已经变成了一个庞大的官僚体制，已经没有能力从内部进行改革了。在每一个丑闻中，大学的最高管理者把自己的作用理解为损害控制及公共关系管理，而不是文化变革和伦理重建。大学教务长雇用的调查者将过失归咎于某个独行侠或者招生办的几个坏家伙。每个部门都急于为自己辩护，不肯承担责任。

> **NUMBERSENSE**
>
> 美国的大学已经变成了一个庞大的官僚体制，已经没有能力从内部进行改革了。

伊利诺伊大学法学院将责任推给“一个职员……他私自篡改了数据。”伊利诺伊大学的一份调查报告，毫无讽刺意味地陈述道：“伊利诺伊大学法学院及其管理部门，在现任院长的领导下，承诺在工作中要遵守正直、道德及透明原则，并且以足够的清晰性和规则性贯彻了这份承诺。”我想当这位院长呼吁大家“挑战极限”和“打破条条框框，冒点风险”时，他的话一定被误解了。

在维拉诺瓦大学法学院，这种“不得体的沉默”并没有阻止管理者披露出“（招生办）有些人自作主张……不管是法学院还是大学都不曾直接或间接地鼓励任何人谎报数据。”

克莱蒙特麦肯纳学院校长对调查结果很满意，因为“这份调查报告确认……（除了招生主任）没有别的雇员被卷入……这是个孤立事件。”

这些机构的工作人员互相推卸责任，证明自己是无辜的，理由是“他们痴迷于《美国新闻与世界报道》的排名，他们设置 GPA 和 LSAT 成绩的目标，并在假设的情境下使用电子表格预测名次的变动，以及为了激励目标的达成而设立奖惩机制。看起来所有这一切都符合行业规范，那为什么使用同样的判断标准却不能使招生办的职员免受指责呢？这个问题从没得到过解释。

紧接着，南加州颇负盛名的克莱蒙特麦肯纳学院拿出“无济于事”的托词。从 2004 年到 2012 年，法学院篡改了这些数据：SAT 平均分及中位数、ACT 平均分及中位数、SAT 各部分测试的分数分布、高中毕业成绩在全班前 10 名的比例以及录取率。克莱蒙特麦肯纳学院校长帕米拉·盖恩（Pamela Gann）在接受《洛杉矶时报》（*Los Angeles Times*）采访时，评论说：“SAT 考试的总成绩，平均每人被多加 10 分 ~20 分……考虑到 SAT 每个部分的最高分是 800 分，虚增的部分不算太大。”

增加得不大？这个管理部门是故意装作无知，还是真的无知？记者只是忠实地记录了盖恩的原话，而没有加以评论。要是这位记者有数字直觉的话，那么，他会认识到盖恩之所以提到“800”，只不过用来混淆视听罢了。给某人的成绩加上 10 分或者 20 分，更像打个嗝而不像患上了百日咳。不过，要是给平均分上加上 10 分或者 20 分，那可就像患上急性肺炎啦。这是一种极其严重的欺骗行为。这意味着 300 名大一新生的成绩每个人都被提高了 10 分或者 20 分，也就是说，给总成绩虚增了 3 000~6 000 分！现在，再把上面的数字乘以 2，因为 SAT 考试由两部分组成：语言和数学。

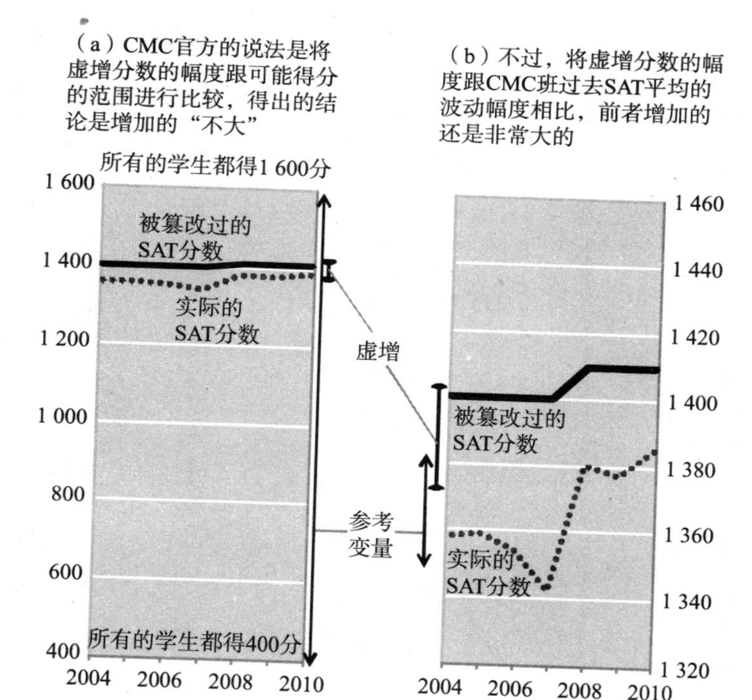

图 1—8　CMC 官方说法和作者分析的波动范围的对比

说明：从图 1—8 中可以看出，正因为吃药也不起作用，所以他们这样说。克莱蒙特麦肯纳学院校长将 10~20 分的虚增分跟 800 分的全距进行了比较，不过，恰当的分析应该是将 30~60 分的变动跟 20 分的正常波动范围相比。

调查人员发现，如果按年计算，克莱蒙特麦肯纳学院将 SAT 的综合成绩平均灌水 30~60 分（盖恩将这个数字切成两半，然后四舍五入，报告的是 SAT 每个部分修正后的分数）。综合分数最高是 1 600 分，这没错。请稍等，想一想平均分 1 600 分这意味着什么？这意味着，300 名学生每个学生的成绩都是 1 600 分。这是个多么让人哭笑不得的障眼法啊！相反，我们本应该注意一下总平均分的逐年变化量。统计学家用“标准误差”(standard error)来描写这个变异性。此处的“标准误差”是10分(如图1—8所示)。“标准误差”该怎么理解呢?理解“标准误差”的最简单的方法就是，有三分之二的时间，平均分落在一个宽窄为20的分数带内。将平均分加上30或60分，那么，这个分数就变成了离群值。这个假的平均数在3~6个标准误差之间。我们知道，当一个值偏离正常值3个标准误差，就被认为是极端值。在任何一个正常的年份，平均分都在全距(历史范围从低到高)的50%。要是移动30分，这个数字就被提到了99.7%。这就好比将每个得C的学生改成了A。篡改数据的幅度如此之大，还硬要轻描淡写地说“不大”，实在令人为难。

这个计算实际上低估了欺骗的程度，因为平均分的移动幅度小于宽度为20的分数带。这个宽度显示，被录取的学生构成了SAT考生群体的一个随机样本。但是可以肯定的是，这所排名第9的国立艺术类大学录取的学生，SAT成绩集中在高分端。

是时候用到数字直觉了。当大学校长或者其他受人尊敬的人物，抛出一个统计数字，我们一定不能盲目相信。我们应该具有数字直觉，有点怀疑主义，有一探究竟、充分验证的渴望。数字直觉就像松露猪(truffle hog)的鼻子，能够嗅到美味佳肴。培养数字直觉，需要训练和耐心。当然，了解一些基本的统计概念，理解平均数、中位数和百分位等级的性质都是非常重要的。将比例分解成部分，有利于使你清晰

NUMBERSENSE
是时候用到数字直觉了。当大学校长或者其他受人尊敬的人物，抛出一个统计数字，我们一定不能盲目相信。我们应该具有数字直觉，有点怀疑主义，有一探究竟、充分验证的渴望。

地思考。比例也可以解释为加权平均值，至于权重是多少，当由取舍原则来分配。缺失值必须细心地检查，特别是当它们被估计值所代替的时候。明目张胆的欺诈虽然很难被侦测到，不过，经常会因为不一致而暴露出来。

NUMBER
SENSE

第2章
新的统计数据真的能让我们瘦下来吗

> 在跟肥胖症战斗的过程中，我们根本不是对手，屡战屡败。减肥容易，维持体重却要困难得多。我们也许治得了肥胖，却仍然改变不了由肥胖间接所致的死亡率。

摆在你面前的是五个小袋子。其中，四个袋子里面装着奶昔粉、三块巧克力和一根香蕉。这些都可用冷水溶解，让人想起雀巢速溶巧克力奶。第五个袋子里装的是一包鸡汤粉，需要放进热水里才能溶解。你在查看全天的营养配额。是的，你一天只能喝四份冷奶昔和一份热汤，这是医师为你量身定做的营养配额。除了这些以外，还有八杯白水。这就意味着你吃进肚子里的都是液体。综合起来，这些东西能够为你提供800卡路里的能量，营养成分的组合大概是：14克蛋白质，20克碳水化合物和3克脂肪。现在时间是早上八点，你开始做第一份奶昔。你将要喝一杯或两杯水。中午呢，你再喝一杯奶昔。三个小时后，再喝一杯。你的晚餐只有一份热鸡汤，睡觉前再喝一杯香蕉奶昔。整个疗程至少需要100天，在这100天里，你每天都只能这么吃。

你不能老是坐着不活动。要强制自己经常进行体育运动，每周五次，每次 60 分钟。由于进食的都是流质食物，你可能会觉得头重脚轻，容易疲劳。刚开始进行体育活动时，你只能支撑 20 分钟，才不至于因体力不支而昏倒。倘若遇到这样的问题，下一次汇报时你必须一五一十地讲出来。忘了交代了，你每个星期要向你的指导师报告一次，他负责记录你的每次异常情况。每两个星期，要对你的重要器官进行一次详细检查，并监测你的进展情况。

我们上面一直在说的“你”是谁呢？正常的成年人一天需要 2 000~3 000 卡路里的热量，而你所摄取的卡路里要控制在 800 以内，很明显，你的身体指标不正常。你已经放弃了一定程度的自由，不只是选择食物的自由，还有选择日常活动的自由。你允许他人来决定你生活的重要方面。你拥有坚毅的个性跟令人钦佩的意志力。你不会轻易屈服。你对痛苦的容忍度很高。

你是一个优体纤减重课程（OPTIFAST）的节食者。诺华营养公司（Novartis Nutrition Company）——现在是雀巢集团的一部分，于 1974 年创立了优体纤（OPTIFAST）这个品牌，而这个品牌真正走红是在 1988 年的 11 月，这要归功于“脱口秀女王”奥普拉·温弗瑞（Oprah Winfrey）的宣传。奥普拉用了优体纤减肥餐四个月后，成功减掉 67 磅。减肥成功后的奥普拉，穿着 10 号卡尔文·克莱因（Calvin Klein）牛仔裤，以崭新的形象在她的节目中亮相，引起了轰动效应。她认为减肥成功主要靠的是吃减肥餐。据说有上百万人试过减肥餐。通常，大约只有一半的人能坚持到最后一步。到那个时候，节食者逐渐被允许吃一些固体食物。要想减肥，患者除了要有毅力，还需要付出大量金钱。一个标准疗程要持续 18 个星期，花费高达 3 000 美元。

减肥餐的致命弱点

奥普拉没能得意多久。在停止吃减肥餐后，仅仅过了两个星期，她就增重了 10 磅。之后的四年内，她的体重一路猛增到之前不曾有过的 237 磅。体重出现反弹的不止她一个。根据美国国家社科院医药研究所（The Institute of Medicine of the National Academy of Sciences）统计，98% 的节食者在停止节食后的五年之内，体重恢复到原先的水平。这就是人类已知的每种减肥餐的致命弱点。维持体重比减肥要困难得多。

> **NUMBERSENSE**
>
> 根据美国国家社科院医药研究所统计，98% 的节食者在停止节食后的五年之内，体重恢复到原先的水平。这就是人类已知的每种减肥餐的致命弱点。维持体重比减肥要困难得多。

“我为什么不能来解决这个难题呢？”华盛顿特区金县（King County）已退休法官达雷尔·菲利普森（Darrell Phillipson）这样问自己。他悲叹地说：“这不是个毅力问题，也不是一个脑力问题。”这位 63 岁的老人 40 多年来一直在跟肥胖做斗争。他骑自行车，徒步旅行，去健身，他还加入了“匿名暴食互诫协会”（Overeaters Anonymous）。他采用低碳饮食结构，他试过“体重监察员”饮食法（Weight Watchers），他也接着做优体纤。菲利普森跟奥普拉一样，是一位溜溜球式的减重者[①]，有付出而没有收获。2011 年退休时，他的体重达到了 425 磅。

菲利普森大法官的故事在《国家肥胖症》（*The Weight of the Nation*）这部由家庭影院频道（Home Box Office，英文缩写为 HBO）制作的纪录片中有所述。该片由四个部分组成，主题是关于美国的肥胖问题的。这部 2012 年推出的片子，为我们描绘了一幅残酷的现实场景。我们遇到很多备受煎熬的节食者：一个叫做奥德丽（Audrey）的女孩子，在她的一生中，减重 30~50 磅这样的幅度，竟然有 50~60 次之多。“运动”这种世界各地的医生所开出的主要干预工具，效果确实惊人地无效——一磅糖所提供的热量需要跑 30 分钟才能消耗掉；一小块比萨饼需要 1 个小时；一个普通大小的汉堡包，需要 3 小时 15 分。专家抱怨说美国全国广播公司（NBC）的真人秀《减肥达人》（*The Biggest Loser*）向观众传达了错误的信息，因为强体力活动的确不可能产生这样快速的减肥效果。有一对双胞胎兄弟，其中一个患了肥胖症，他希望自己的双胞胎兄弟不要有跟自己一样的肥胖基因，因为他知道有 60%~80% 的肥胖风险是通过遗传获得的。艾奥瓦州农民小规模地抗议联邦政府制定的愚蠢的农业政策：以牺牲水果和蔬菜的产量为代价，补贴农业巨头种植玉米和黄豆，这使得水果和蔬菜的种植面积连耕地总面积的 3% 也占不到。饮料行业跟比尔·克林顿政府达成了协议将碳酸饮料从小学撤出来。不过，这一

① 溜溜球效应（yo-yo effect）也被称为溜溜球节食方法，是指由于减肥者本身采取过度节食的方法而导致身体出现快速减重与迅速反弹的变化。溜溜球效应是由耶鲁大学凯利·布劳内尔（Kelly D. Brownell）博士提出，因为这种减肥方式造成体重上上下下的变化非常类似于溜溜球。——译者注

切并没有发生实质性的改变，因为小贩只不过把可乐和百事换成由同一家跨国公司所生产的果汁和运动饮料而已。两者给饮用者输送了数量相等的“空”卡路里。当卡路里直接来自于糖类时，并没有营养价值。有一种说法认为，短期内快速减重会触发身体的防御机制来保护标准体重，从而导致节食者难以维持新的体重。

一个个失败者的故事累计起来，使《国家肥胖症》这部纪录片产生撼人心扉的力量。上百万个失败者的案例叠加起来，就酿成了一个国家危机。考虑一下如下的推论。假设教育部为九年级学生开发了一个数学考试，并且定下目标：到第五年每个学区至少有 30% 的学生要通过考试，那么，情况会怎么样呢？要是没有一个学区能达到这个适中的目标，那教育部将会非常尴尬（要是连及格标准也已经降到只要答对三分之一，而不是我们所期望的二分之一就算通过了呢？即便标准一降再降，还是达不到目标，我们就该羞愧地蜷起身子来了吧。这是个真实的故事，发生在 2008 年的纽约州，当时该州赢得了“没有一个孩子落在后面”的嘉奖。这类欺诈行为让人不齿，我稍后就来对付他们）。

> **NUMBERSENSE**
>
> 一个个失败者的故事累计起来，使《国家肥胖症》这部纪录片产生撼人心扉的力量。上百万个失败者的案例叠加起来，就酿成了一个国家危机。

疾病控制中心（CDC）发起“2010 年健康人群”运动的时候，成年人肥胖症还不是太普遍，在任何一个州都不超过 30%。CDC 向每个州发起挑战，要求在十年内将肥胖率降到 15% 以下。那么，有几个州实现了这个目标了呢？答案是没有一个。即便是肥胖率最低的科罗拉多州，也只是把肥胖率降到了 21%，离 15% 的目标还有 6% 的距离。在这项运动快要结束的时候，有 12 个州还突破了 30% 这个起始值。

在 20 世纪 80 年代，肥胖症的上升速度在美国拉起了警铃。似乎在突然之间，成年人患上肥胖症的比例越来越大。之前的 20 年，肥胖症的比例总体保持平稳，大约在 14%，但是，到了 20 世纪 90 年代初，肥胖症的患病率，男性猛增到 21%，女性猛增到 26%。这一数字还在持续增长。到了 2000 年，患肥胖症的男女比例分别占到各自人口总数的 28% 和 34%。到 2008 年，男子患肥胖症的比例达到了 32%，女性肥胖症的比例缓慢上升到 35%。在跟肥胖症战斗的过程中，我们根本不是对手，屡战屡败，这让健康护理专家挠头不已。他们为什么解决不了这个难题呢？

身高体重指数

NUMBERSENSE

跟肥胖症战斗的过程中，我们根本不是对手，屡战屡败，这让健康护理专家挠头不已。他们为什么解决不了这个难题呢？

节食减重法短期内有效，一旦恢复正常饮食，很容易反弹。即便是最有效的节食疗法，最多也只能减去体重的 10%，随着饭量持续增大，体育运动燃烧脂肪的速度不够快。几乎减去的每一磅肉都会很快长回来。南加州大学的流行病学家詹姆斯·赫伯特博士（Dr.James Hebert），带着跟家庭影院频道同样的悲观语调坦言道：“我们现在被卡住了”。雄斗鸡队（Gamecock）所在的南卡罗来纳州，是成人肥胖率超过 30% 的 12 个州里面的一个。赫伯特博士提出一个解决之道，他认为这个办法能很好地解决“测量肥胖问题以及公共健康影响”。

差不多跟家庭影院频道推出纪录片《国家肥胖症》的同时，纽约州健康专员尼拉夫·沙哈博士（Dr.Nirav Shah）跟埃里克·布雷弗曼博士（Dr. Eric Braverman）所进行的一项关于肥胖症检测方法的研究在媒体上引起了巨大反响。布雷弗曼在曼哈顿开了一家健康诊所。沙哈博士跟布雷弗曼博士吹捧定义肥胖症的新方法。他们提醒大家，一般的美国人要比我们此前所承认的肥胖得多。一个更精确的度量将有利于改善公共政策与医疗方法。如果真是这样，那么，我们可以通过改变对肥胖症的定义而取得这场战斗的胜利。这种一战即胜的设想，非常具有吸引力。新闻界不加批判地全盘接受。当媒体来重点介绍一个研究成果时，那它就得到了认可，也就得到了强化。但是，我们能在多大程度上相信这个广告呢？“比我们所承认的要胖得多”是什么意思呢？

NUMBERSENSE

节食减重法短期内有效，一旦恢复正常饮食，很容易反弹。即便是最有效的节食疗法，最多也只能减去体重的 10%，随着饭量持续增大，体育运动燃烧脂肪的速度不够快。几乎减去的每一磅肉都会很快长回来。

沙哈博士和布雷弗曼博士的敌人是无处不在的身高体重指数（Body Mass Index，BMI）。身高体重指数就是你的家庭医生用来判断你是否肥胖的依据，它也是美国国家健康研究所（NIH）在报告中所使用的测量标准。不出所料，纪录片《国家肥胖症》在第一部分的开头就介绍了身高体重指数，在影片接下来的四个部分中不断提到这个概念。可见这个概念在语言以及专家的思维中，已经是根深蒂固了。电视观众几乎听不到任何关于肥胖诊断标准的怀疑。BMI 的计算公式是用体重公斤数除以身高米数平方。

身高体重指数（BMI）这个术语是明尼苏达州大学的生理学家安塞·凯

斯（Ancel Keys）教授创造的。凯斯之所以被人们记住，主要是因为他第一次将“饱和脂肪”（saturated fats）跟“胆固醇”（cholesterol）和“心脏病”联系起来。源于他的理论的地中海节食法，近年来再度流行起来。凯斯一直是个干预主义者，他认为政府应当更快捷地提高预防性医疗保健服务。虽然不是凯斯发现了这个公式，但他 1972 年发表的那篇今天差不多被人遗忘了的论文，使得 BMI 成为了一种全球性标准。

“体重跟身高的平方成比例”这个事实是比利时科学家阿道夫·奎特勒（Adolphe Quetelet）在 19 世纪 30 年代发现的。奎特勒是最早将数学知识应用到社会科学研究中的统计学家之一。那个时候，奎特勒就开始为自己所创造出的、具有划时代意义的概念“一般人”（average man）构建模型，并寻找一个能将体重与身高联系起来的通用常量。他观察到处于一个年龄组的个体符合这些常量。他相信，相似的个体应当具有相似的体重—身高比率。在现代社会，医学界选出 18.5~25 这个范围作为标准的 BMI。我们替那些偏离正常值的人们担心。

用来评估肥胖症流行程度的数字通常来自美国国家健康研究所，据他们发布的数字称，在美国有 34% 的成年人患上了肥胖症。这些数字是通过来自于 2008 年的全国健康和营养检测问卷（NHANES）科学调查得来的。另一个数据来源是，每年抽取一个规模为 10 000 人的代表性样本，对这些个体进行访谈并进行身体检查。身高体重指数大于 30（即 BMI>30），就算肥胖。我们根据这个度量标准想象出这样一幅画面：一位身高 5 英尺 5 英寸（约等于 1.67 米）的妇女，要是体重超过 180 磅（约等于 81 公斤），那就属于肥胖；同样，一位身高 6 英尺 2 英寸（约等于

1.88米）的男性，要是体重超过234磅（约等于106公斤），那就算肥胖。

此外，沙哈博士和布雷弗曼博士还直接测量身体的脂肪百分比。根据他们的计算，美国人的肥胖比例应该是64%，而非34%。如果事实果真像他俩所说的那样，那么，BMI这个度量的准确程度可真是糟糕透了。布雷弗曼博士及其助手在他们的PATH Medical诊所为1 400名肥胖症患者做了双能X光吸收测定法（dual-energy X-ray absorptiometry，DXA）扫描。他们对收集来的这些数据进行了分析。我们先来看一下DXA是一项什么技术。这种检测技术最初是用来检测是否患有骨质疏松，DXA检测仪详细描述了身体的成分，细分了骨骼、肌肉和油脂含量。相反，身高体重指数不能区分哪些是肌肉，哪些是脂肪，这两者都是体重的组成部分，只不过脂肪被认为是早亡的信号（资助沙哈博士的研究项目的PATH Medical诊所，非常难得地让18%的病人在第一次访问时就做了DXA扫描，另外71%的病人在三个星期内做了检测）。通过与DXA的检测结果进行比对，医生们发现BMI对40%的患者进行了错误归类，而且几乎所有的错误都采取了同一形式：BMI大于30这个分割点并没有将DXA检测出的部分肥胖患者标示出来。

沙哈博士和布雷弗曼博士给我们带来了一线曙光。抛弃“扯淡的身高体重指数”，而采用DXA测量法，一切都将变好的。

被误用的测量

一个人到底算不算肥胖，这要看你使用的是哪种定义。它是一个没有客观值的量，这给谈判和操控数据留下了空子。换句话说，它跟外面的度量没有什么两样。比如说，教师质量、学术才能、职员表现、红酒等级、顾客满意度以及商业效益。由于这些度量里面，没有一个具有内在的价值，任何人都可以假设自己的测量是“准确”的。

有一件事是可以肯定的，那就是测量任何一个主观的东西都会引发各种不正当行为。纽约州恬不知耻地在标准化测试中降低了通过标准，以达到“没有孩子落在后面”的目标。随着“按绩效付酬”（pay-for-performance）运动在教育界的发展，越来越多成绩在平均数以下的学生被逼退学，以免他们拖累学校的考试成绩。我在第4章中将要讨论的团购公司“高朋”（Groupon）被美国证券交易委员会（Securities and Exchange Commission，SEC）找上了麻烦。因为“高朋”自己发明了一套计算利润的方法，这套方法叫做“调整后合并分部营业利润”（Adjusted Consolidated Segment Operating Income）。你还能回忆起，最近一次客户服务专员特别优待你是在什么时候吗？是不是不久之后就有一份客户满意度调查送到你手上，等着你去填写呢？

> **NUMBERSENSE**
>
> 所有的测量体系都容易被滥用。对肥胖症检测方法的争论，为我们探索人们是多么容易迷失方向提供了一个有利的观察点。

所有的测量体系都容易被滥用。对肥胖症检测方法的争论，为我们探索人们是多么容易迷失方向提供了一个有利的观察点。下面，数字直觉将引导你理解这些争议。

当结果令人失望时，就换一种测量方法

失败是人们所难以忍受的。面对失望，人们经常会问度量出了什么

毛病，而不是项目出了什么差错。时间白白浪费在协商如何微调这个测量方法上，而不是用在寻找方法改善结果上。

《洛杉矶时报》(*Los Angeles Times*)的记者梅丽莎·希利(Melissa Healy)，观察到“在过去的两年里，研究人员……正在用(很多方法取代 BMI)来测量减肥咨询、运动疗法以及药物疗法等干预措施的效果”。她暗示说，过去这些方法都失败了，是因为它们没有影响到身高体重指数而已。要是使用一个好的测量方法，这些治疗措施就会奇迹般地变得非常有效。

美国医学研究院(NIH)以 BMI>30 作为临界点进行估算，他们认为全美 36% 的成人妇女患有肥胖症。而布雷弗曼博士用 DXA 测量出来的结果表明，他的女性病人中肥胖率为 74%。这个 38% 的差额意味着，从 DXA 观点看他们属于肥胖人群，而从 BMI 观点看他们是完全正常的。经过进一步的检查，美国医学研究院将这个人群定义为：超重(overweight)。39% 的成年妇女被认为是超重的，她们的 BMI 指标在 25 到 30 之间。因此，采用 DXA 判别方法，实际上是将超重跟肥胖混为一谈了。

将超重患者重新归类为肥胖症是否会延缓肥胖症的流行呢？我不敢下结论。正如图 2—1 所示，“个头大小”跟“死亡率”之间不是一种线性关系。目前最好的研究表明，二者具有 U 型或者 J 型曲线关系。虽然肥胖症患者(BMI>30)与体重过轻者(BMI<25)，预期死亡风险要比体重正常的人群稍高点儿，不过有趋势表明，BMI 值在 25~30 的人比一般人长寿一些。超重者的寿命可能比肥胖症患者和体重

NUMBERSENSE

对于肥胖症进行重新界定这个建议而言，所开出的无非是一些不必要的治疗罢了。

偏轻者都要长。对于肥胖症进行重新界定这个建议而言，所开出的无非是一些不必要的治疗罢了。

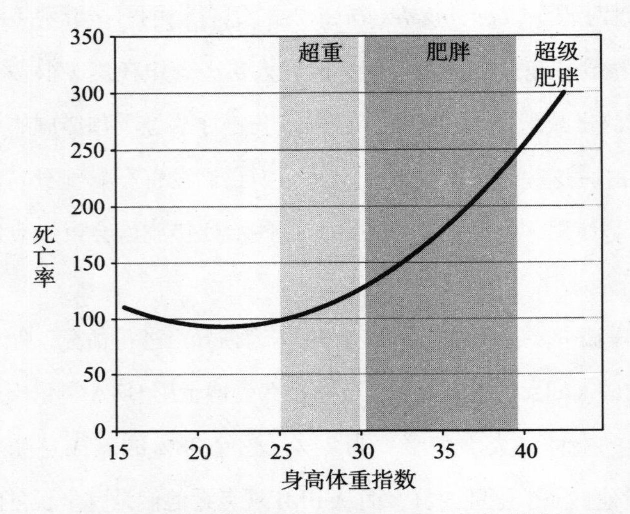

图 2—1　身高体重指数跟死亡率之间的曲线关系

还有相当大的一组，不管是从 BMI 来看，还是从 DXA 来看都属于肥胖。要是目前的措施和节食方法都无效，那么即便测量方法改变了，同样的措施跟节食方法对他们来说也是无效的。

测量方法换的越多，它们就越容易保持原状

数据分析师熟知，大多数度量都高度相关，毕竟，我们假定它们所测量的是同样的东西。

来自哥伦比亚大学、剑桥大学和东京慈惠会医科大学（Jikei University）的研究人员，发现在英美日三个国家的 BMI 和“身体脂肪百分比”

这两个数据的相关程度在 0.7~0.9 之间。应该说二者的相关程度是很高的。腰围观测值（waist circumference）的倡导者，宣称这种测量方法可以对身体的脂肪量进行更加精确的评估，不过国际共识小组（International Consensus Panel）在 2006 年总结道：增加的数据并不能改变对 99.9% 的男性和 98% 的女性的医疗建议。这并不奇怪，因为腰围的测量数据跟 BMI 值之间存在高相关度，相关度在 0.80~0.95 之间。研究人员发现，当使用两种测量方法得出的数据存在偏差时，这种情况通常出现在体重偏轻者或者像运动员这样的特殊人群中。不过，对那些在普通人群中检测肥胖症患者的医生来说，上面提到的两类人群跟他们都没关系。

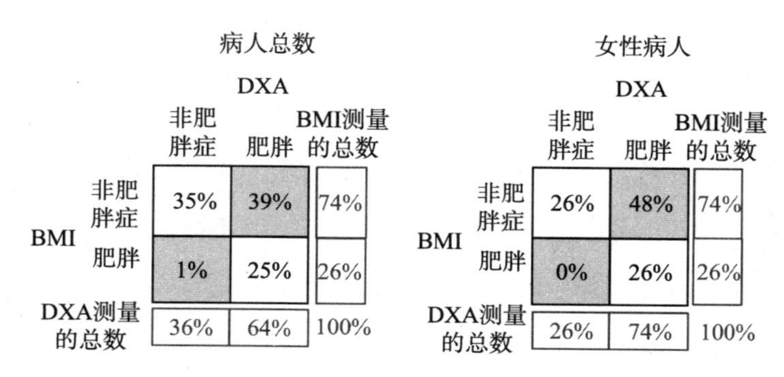

图 2—2　BMI 与 DXA 有分歧的区域

图 2—2 显示了 BMI 与 DXA 有分歧的区域：BMI 法检测出的肥胖者，换用 DXA 来，也几乎一定属于肥胖者；灰色的格代表有分歧的区域；DXA 将超过 10% 的患者归为肥胖。

（来源：改编自沙哈博士和布雷弗曼博士的著作）

沙哈博士和布雷弗曼博士查看 BMI 和 DXA 之间的关系时，他们也发现了一种强相关。实质上他们用 BMI 诊断出的肥胖症患者，以 DXA

标准来看也属于肥胖（请看图 2—2）。要是将 BMI 值的分界点从 25 移到 30，那么，这两种度量就变得几乎相同。

即使新的测量方法测得很准，也有可疑值

一种新的测量方法，在产生一大群数据之前，我们不能检验其是否有用。好多新颖的测量方法，给我带来的希望只停留在纸面上。

> **NUMBERSENSE**
>
> 测量肥胖症的目的是跟肥胖导致的相关疾病做斗争。

测量肥胖症的目的是跟肥胖导致的相关疾病做斗争。但是，沙哈博士和布雷弗曼博士自己指出：“虽然跟 BMI 相比，DXA 能够直接测量身体的脂肪含量，而且在测量肥胖症方面表现更好，不过，DXA 这个指标不能用来解释跟某种疾病的相关性。”与之相比，近十年来的研究已经将 BMI 指标跟Ⅱ型糖尿病（Type 2 diabetes）、心血管疾病、某种癌症以及其他疾病之间建立起了联系。因此，跟 DXA 相比较，虽说 BMI 在预测身体脂肪含量方面算不得完美，不过，奎特勒的发现在 2000 年之后，依然是一个比较好的疾病预测指标。

在医学方面，更好的结果可能产生于更多的诊断，而非医疗保健条件的改善。DXA 测量方法将更多的人归入肥胖人群。那些被认为是边缘人群不像一般的肥胖症患者那样胖，因而所面临的健康风险要比肥胖人群的平均值低。由于治疗手段没有改变，因此，结果的改善只是因为那些扩大治疗的人群先天就比较健康而已！

随着时间的推移，测量体系变得越来越复杂，越来越费钱

那种修补公式的欲望就像驱使饥饿的人多次往返的动力一样。不过，

修补通常会导致公式更加复杂。测量方法越复杂，对使用者来说就越难了解如何来影响它，因而也就更不可能来加以改善。

站在身高体重测量仪上很简单又不花钱。只要有一个简单的计算器，任何人都可以计算 BMI 公式。仅凭一支笔和一张纸，你就可以绘制一张进度表。相比之下，做 DXA 扫描则需要破费上百美元。你需要亲自去一家配备了这种昂贵扫描仪的诊所走一趟，而测量结果只有专业的医生才能阅读。要监控体重的变化，患者需要定期提供扫描结果，这意味着要不断经受 X 射线的辐射。不过，花钱能给人们带来一种成就感。毕竟葡萄酒越贵越好嘛。

新的测量方法为旧的方法鸣起了丧钟

更复杂的新方法需要新数据。新方法通常不可能再重复过去的数据。结果，所有的历史记录都不得不一笔抹去，数据也要从头开始测量。这多方便啊！从本书第 6 章起，大家将会了解到，1994 年，时任美国总统比尔·克林顿同意对那个决定国家失业率的调查问卷进行重要修改。在里面，加入了研究人们求职习惯的新问题。由于这些项目在以前的调查问卷中没有出现过，从而导致了我们无法对这组失业度量值做历史的纵向比较。

NUMBERSENSE

更复杂的新方法需要新数据。新方法通常不可能再重复过去的数据。结果，所有的历史记录都不得不一笔抹去，数据也要从头开始测量。这多方便啊！

身高体重指数（BMI）是一种检测肥胖症的全球标准。自 20 世纪 70 年代以来，全世界的健康组织就开始收集数据，医学研究者也开始记录BMI值跟各种健康结果之间的关系。我们可以很方便地在不同的国家间对给定的年份进行横向比较，或者在一个国家对某个特殊的群体进行跨年份的追踪。要是现在为了支持更复杂、更费钱的DXA而抛弃BMI，那么，我们就得被迫擦去历史记录了。

需要解决的难题

被战争的迷雾所蔽，我们看不见试图要解决的难题在哪里。我们的敌手不是肥胖症，而是像糖尿病和中风等跟肥胖相关的疾病所引起的早亡。这个区别是至关重要的。我们也许能治得了肥胖，却仍然改变不了由肥胖间接所致的死亡率。

> **NUMBERSENSE**
>
> 我们也许能治得了肥胖，却仍然改变不了由肥胖间接所致的死亡率。

2002年，由哈佛大学公共卫生学院的托拜厄斯·库尔斯（Tobias Kurth）博士领导的研究团队，分析了来自美国公共健康服务中心（U. S. Public Health Service，PHS）的数据，总结说BMI的值跟中风风险存在关联：

在所有的中风案例中，那些身高体重指数大于或等于30的实验对象，跟身高体重指数小于23的人相比，其“调整后相对危险度”（adjusted relative risk）大约为2.00（这个指标的范围在1.48~2.71）……每增长一个BMI单位，“调整后相对危险度”就显著增加6%。

上面所用的是标准的医学文献语言，换用平实的语言来说，就是：

在我们的研究池中，患肥胖症的男士中风的比例是BMI值低于23

的人群的两倍，对于一个平均身高的男性来说，体重每增加 7 磅，中风的风险就增加 6%。

这项研究以及其他很多研究告诉我们，身体越肥胖的人得病也就越多，而且肥胖症会缩短人的寿命。不过，这个表述的统计学含义经常被曲解。

科学杂志的编辑坚持要插入“显著”（significant）这个词，而一般读者会把这个词理解为一种修辞上的虚饰。“显著”通常指 5% 水平上的统计显著性。统计学是关于变异的。在这种情况下，“统计”是公共卫生署（PHS）所包含的那部分男性样本跟它所不包含的那部分男性样本之间的变异。“结果显著”意味着，我们可以将研究结果推广到研究对象以外的人群，只要该群体跟实验中的对象拥有同样的特性。在本案例中，研究对象的特征是：受过高等教育的白人，体重正常，准备接受医疗保健。统计显著性所要表达的不是结果是否重要，而只是告诉我们这个结果具有一般性。

我们另觅他处才能了解这样一项研究所具有的真正价值。6% 的危险增长率有多骇人？这里的参照对象是年龄在 40~84 之间、BMI 值在 23 以下的一群男性。在任何一年，具备如上特征的男性中风的几率是 0.23%，换句话说，在研究群体中大约有 3 000 名男性可能罹患中风。跟基准风险线（baseline risk）相比，患肥胖症的男性中风的概率要高出 6%，这个数字等价于每 10 万名男性中，肥胖者中风的数量要比体重正常者多出 14 个。假设一项研究中，每个实验组（treatment group）只包含 10 000 名患者，我们预计将比体重正常人群多出 1~2 名中风患者。任何一项合理的研究，必须包括 BMI 值小于 23 与大于 30 这两部分人群，人数上应该在10万以上；要不然就只能含有可怜的几个能将二者区别开来的案例了。科学刊物上所承认的“显著”，也许只是个很小的数字。

此外，医学界操着极其粗钝的工具来进行显微手术。为了在28 000名男性中防止中风，医生将目标对准了2 300万人。这种不精确性导致了一个问题——大多数治疗方法都有副作用。拿阿康普利亚（Acomplia）来说吧，这种减肥药片在欧洲上市，不过在2009年就退出了市场。临床研究发现：服用这种减肥药后有15%的患者出现恶心症状；差不多半数的试验对象，会加重焦虑和沮丧的情绪，而给以安慰剂的试验对象，出现这种状况的比例是28%；服用这种减肥药的人，自杀率是使用安慰剂的人群的两倍。阿康普利亚所带来的副作用明显大于它所带来的好处。这就是为什么该药的许可证在欧洲被取缔、在美国的审批被搁置。沙哈和布雷弗曼对DXA检测方法的支持，将会带来两个后果：第一，将查出更多被认为需要进行医学干预的肥胖症患者；第二，将使得统计工作更加困难。

真正的难题在哪里

由于大量扎实的研究将BMI高值跟早亡联系在一起，负责公共卫生的官员自然把降低BMI指数视为明智的政策。像“健康人类2010”这种反肥胖的倡议，总是围绕着降低BMI值这一目标。在接受《洛杉矶时报》采访时，沙哈博士和布雷弗曼博士也因屡战屡败而责怪这个“扯淡的体重指数”。

使患者减重的努力在短期内是奏效的，不过长期来看，当出现反弹时，胖人会变得更胖。要是医学干预不把注意力放在体重上，而是建议他们通过多运动、多睡觉及合理化饮食来增加肌肉在身体成分中的比重，这样的话，效果也许会更成功。

不过，多运动、多睡觉及合理化饮食等养生方法被包括达瑞尔·菲利普森（Darrell Phillipson）的追随者在内的减肥人士虔诚地尝试着，只可惜这一切都是徒劳无益的。医生们说得对，把注意力放在体重上是不明智的。不过，他们也没认识到，专注于身体的成分构成同样是一种误导。

为了一探究竟，我们先退后一步来看一下医学证据的本质是什么。研究者们是如何确定因素 X 是否会引起疾病 Y 的呢？美国公共卫生署的做法就非常典型。1982 年，大约 22 000 名年龄在 40~84 周岁的男医生受邀加入了一项研究，来确定阿司匹林或者 β- 葫萝卜素（beta-carotene）是否能预防心血管疾病或者癌症的发生。在这项研究中，参与者接受何种处理是通过随机抽签决定的。1992 年，研究人员报告称，β- 葫萝卜素没有预防癌症的作用。

稍后，美国公共卫生署的数据被用于研究另一个不同的主题——BMI 值跟中风之间的关系。实验对象的身高体重指数，是通过计算他们个人提供的身高和体重数据计算出来的。研究开始前，实验对象需要填写一份关于病史、生活方式和个人资料的调查问卷。一直到 1995 年为止，这期间的每一年，此项研究的参与者都要汇报他们是否被查出新情况，包括是否罹患中风等。研究人员从这些调查问卷中采集其他信息，比如是否吸烟，是否饮酒，年龄多少，是否患有高血压，因为众所周知这些因素会增加男性中风的危险。

处理方法的随机分配，能够保证在实验开始前，服用阿司匹林或者 β-胡萝卜素的控制组跟给吃安慰剂的对照组，在各个方面具有可比性。实验结束时，要是一组看起来跟另一组不同了，那么，我们就知道这种不同是由阿司匹林或者 β- 葫萝卜素造成的。因为所补充的药物是两者的唯一差别。目前，这是最初研究设计的目的。

分析 BMI 值跟中风之间的关系的这类后续研究，跟补充药物没有关系，因此那些结果不会被科研计划保护。它们被称为观察性研究（observational study），必须进行严密的解释。虽然在研究中肥胖者面临比较高的中风风险，但观察性数据是不能给出原因的。

两者存在“相关”并不意味着有“因果关系”，这个点太初级了以至于医学杂志的编辑给忽视了。因此，在研究概要中，人们会发现下面这样敷衍了事的免责声明：

我们……分析 BMI 值跟中风的联系（而非因果关系）。BMI 独立于高血压、糖尿病等已确定的危险因子，能够增加肥胖者患中风的风险。对于这个机制，我们还不完全清楚。

免责声明的发明是为了让美国律师高兴。在这里，免责声明是用来控制统计学家的，免得他们出来败兴。

NUMBERSENSE

免责声明的发明是为了让美国律师高兴。在这里，免责声明是用来控制统计学家的，免得他们出来败兴。

他们说，要坚持立场；我们知道不该将“相关”跟“因果”混为一谈。然后呢，他们一如既往地不管怎样都要去做。在 BMI 跟中风的研究中，他们在承认不知道导致中风的“机制”之后，研究者偷偷留下了下面这段文字：

研究结果显示，个人患者及他们的医师应该将“中风风险的增加”看做是肥胖症的另一个危险。预防肥胖就应该能够预防男士中风。

在报告最后一段的最后一句中，他们先前所承认的、自己“不完全了解”的因果关系，现在已经上升为一种医疗处方的地位。减肥能够降低中风的危险，除非我们接受肥胖能够引起中风的说法！经过媒体的宣传扩大，这类医学建议打动了普通读者，因为他们觉得这种说法有科学依据。可实际上，研究者只发现肥胖症跟中风存在相关，转过身来就告诉我们二者存在“因果关系”。

布雷弗曼博士抱怨把目标放在体重上是错误的，其实，他真正要表达的是肥胖并不能直接引起Ⅱ型糖尿病、心脏病等疾病。他之所以这样说，是为了反对负责公共卫生的官员，这些人经常不经意地屈从于因果关系的蠕变。肥胖症或者 BMI 值仅仅是一个健康隐患的制造者。美中不足的是，据称是 BMI 指数最优替代者的 DXA，是另一个健康隐患的制造者。同样，DXA 也不是糖尿病、心脏病以及其他疾病的直接诱因。

“原因”通向“结果”之桥建造在理论之上。对我们来说，认出哪一部分分析是建立在数据之上的，哪一部分仅仅是一种理论，是非常有必要的。

维持新体重的最后一搏

要是不清楚问题是由什么引起的，就不能解决它，这是反肥胖之战的最大障碍。

很多理论认为肥胖症的出现是因为腹部脂肪的累积，不过，这些理论并未得到证实。医学研究发现了一系列应该对肥胖症负责的因素，包括：

- 基因；
- 生理状态；
- 环境因素；
- 社会影响；
- 个人行为。

现存的各种治疗策略都有反复发作的致命弱点。体重反弹被认为是理所当然的。为了使某种减肥药获得批准，药品生产商只需证明该药在12个月内有效就可以了。

但是，还是有一种治疗没有复发的弱点。不过，不适用于胆小怯懦的人群。这种疗法是做减肥手术，最普通的一种是胃绕道手术（gastric bypass surgery）。这项手术，立竿见影，将会产生匪夷所思的减肥效果——几个月内甩掉60磅是非常正常的，而且很多患者成功地维持了新体重。在对瑞典肥胖者的研究中，患者在做过减肥手术两年之后平均甩掉61磅，相比之下，控制组中仅仅减掉一磅。更好的一点是，患者身上跟肥胖有关的疾病，比如说糖尿病，高血压以及睡眠呼吸暂停症（Sleep Apnea）等，都有所减轻。如果下面的陈述让你感觉不适的话，那请你略过下面的文字：

一道白光打在患者周围，气管插进胃里。五个直径不足半英寸的圆筒形小接口，环绕着它。手术器械通过管道运送到胃里。肝脏折叠后，用带子捆扎起来弄到一边。拨开脂肪垫，暴露出手术的目标，也就是我们的胃脏。一个装有小镊子、小剪子和卡钉（staple gun）的小装置被送了进来。表演就要开始了：首先，在靠近食道跟胃的连接处将胃壁迅速切开。接着，手术器械的机械臂打开，小卡钉用整洁的线将切口的边缘缝上，就像牛仔裤腿上的线一样。这个小机器在胃里行动，剪了缝，缝了又剪，从上面做出一个鸡蛋大小的空间。这就是新的可以收缩的胃了。

用力将小肠从赘肉中拉出来，在 18 英寸处切断。现在，胃脏底部包括一段小肠被封起来，不再执行消化食物的功能。其余的肠子被缝到新的胃部而形成了胃绕路：食物将被封存在尺寸变小的胃里，之后在一段较短的肠道内移动，这样就减慢了消化进程。

将胃和肠道内的残留食物清理干净，然后用针和线将各种器官固定住。在腹腔中注满水，之后，将空气打进消化道。很幸运，没有产生气泡，这样做为的是确认新的消化道是完全封闭的。然后，将肠子和肝脏放回原位。做了一个这么大的手术，患者有时需要躺在医院里很多天。

回家后，病人需要服用大剂量的止疼片，等待伤口愈合。身体需要从偶然休克和过量排便中慢慢恢复过来。新的胃会慢慢搞清楚自己在做什么。

患者需要进食流体食物。刚开始，差不多要花一个小时来喝两盎司牛奶。有些日子，连那点儿都是多余的，消化器官不合作，喝下又被吐了出来。患者可以不吃东西过日子。平生第一次，患者感觉不到饿，但别忘了吃饭。肺部也要进行调整以适应新的身体结构。患者可能喘不上气，需要加强锻炼。

接下来的几个星期，患者每天都活得惶恐不安，担心成为4 000个因手术而亡的可怜虫中的一个（美国每年大约实施二十万例减肥手术，死亡率是1%~2%）。

最常见的死因是胃渗漏。病人注意到衬衫上沾满了血，红色的液体从手术的伤口处渗出来。是新胃在渗漏吗？还是身体在清洁内部？尽管使用了药物，但腹部还是会经常疼痛难忍。

在急诊室等了几个小时，进行了一系列检查，医生给开了很多止疼药，什么也没解释，就把病人打发回去了。这的确是个好消息。五分之一的患者，初次手术一年后，还要住院进行更多的手术。比如说，当肠子放回新的通道时，会引发疝气，因此必须进行手术。另一种并发症是胆结石。

当固体食物进入日常饮食时，重新适应的过程就开始了。患者发现即使是消化一小块碎屑也超出了胃的限制。有些食物应该避免，因为它们可能引起不良反应。这是由于现在食物通往肠道的路径变短了，这使得矿物质的摄入量不足。因此，患者需要定期补充维生素跟其他营养物质。

是什么使得这些人甘愿经受如此巨大的疼痛和折磨呢？他们为一周一次站在测重仪上的时刻而活着。随着身体的改变，体重以惊人的速度下降，一个星期减掉5~10磅。不少患者体重最后消失了60%或者更多。那些能够支付起手术费用的人，还会选择借助手术移除多余的皮肤。

NUMBERSENSE

是什么使得这些人甘愿经受如此巨大的疼痛和折磨呢？他们为一周一次站在测重仪上的时刻而活着。

美国金县法官达雷尔·菲利普森在其职业生涯中，为很多人做决定。在这个地区法院，每年有上千件的案子需要办理。菲利普森于 2011 年从服务了 27 年的岗位上退休，时年 63 岁，他为自己做出了一个改变生命的决定。他跟肥胖症战斗了 40 多年，尝试了各种各样的治疗和节食方法，但都没有产生实质性的效果，他决定彻底摆脱这种痛苦，他决定走到手术刀下。这是一种昂贵的选择，刚开始要花费 2 万美元，以后可能要花更多的钱来解决并发症。他花了两年时间搞清楚了保险的责任范围。对他这样 60 岁以上的老年人来说，这样大型的手术带有实实在在的死亡风险。做完胃绕路手术的最初 6 个月，菲利普森频繁进出医院。他回到手术台有六、七次之多，包括堵住了一个危及生命的胃渗漏，拿出了肾结石，清理了堵塞等。

手术前，菲利普森重达 425 磅，BMI 指数是 63。到 2012 年 7 月，他甩掉了 180 磅，BMI 指数降到了 36。他说自己的体重仍在下降。

NUMBER SENSE

How to Use Big Data to Your Advantage

| 第二部分 |

关于营销大数据的解读

NUMBER SENSE

第3章

脱销是如何毁掉一家企业的

> 团购市场，几家欢乐几家愁，一个高朋式的促销对那些能够找到生客跟熟客平衡点的商家来说是有意义的。有件事是可以肯定的，那就是高朋不会给你免费做广告。只有当你忽略掉熟客时，才会认为是免费的。要是你想将辛辛苦苦赚来的利润捐献给这家高调的高科技企业以及那些渴望省钱的顾客的话，那广告才是免费的。

2011年5月4日，路透社网站（Reuters.com）的金融博客作家菲力克斯·萨尔蒙（Felix Salmon）贴出了一篇标题很有吸引力的博文——《团购经济学》（Grouponomics）。这也许标志着“团购经济学”的首次露面，他博文的第一个句话是这样的：

18个月前，团购还是浮云，现在它却成了沃土：用户超过7 000万，遍及500多个地区，一年赚十几亿美元，估值据称已达250亿美元，山寨者趋之若鹜。

六个月后，也就是11月4日，这家团购网站高朋（Groupon）首次公开募股（Initial Public Offerings，简称IPO）就募集到了7亿美元，这意味着该公司的企业价值差不多是160亿美元。虽然不像250亿美元那样让人目瞪口呆，160亿美元的企业价值，即便是以美国式的特大企业的标准来衡量，也是一个相当漂亮的数字。开张第一天，该公司的价值就迅速超过了那些家喻户晓的品牌，比如金宝汤公司（The Campbell Soup Company）、美国安泰保险金融集团（Aetna）、标牌有限公司（Limited Brands）[旗下包括维多利亚的秘密（Victoria’s Secret），沐浴和美体工作室（Bath&Body Works），等等]以及诺斯洛普·格鲁门公司（Northrop Grumman）和财捷集团（Intuit）等。

小“高朋”只干了一件事。它给人们发邮件卖“订单”。日用品或服务的折扣通常在50%或者以上。具有代表性的交易是“付15美元就可以在格拉梅西的吉奥吉奥餐厅（Giorgio’s of gramercy）享受价值30美元的食物”（如图3—1）。在这样的模式下，格拉梅西烹制和提供饭菜，高朋为顾客省了一部分钱。不过，这些省出的钱却占据了餐厅的一部分收入。

高朋的单线生意描述起来很容易，却很难令人理解。在股票市场上，芝加哥的公司大都被冠以最新、最热的科技创业公司，但高朋看起来似乎并不太像——我们看着它的财务赤字不断增加。高朋在其上市后的前18个月，累计亏损了5亿美元。浏览高朋公司的财务报表，我们就会发现高朋一点儿也不像金宝汤公司或者美国安泰保险金融集团，因为它不生产商品，也不提供服务（除了发送电子邮件以外）。它的购物清单由下面三个部分构成：

- 针对消费者的广告；
- 销售人员拜访商家；
- 快速扩张的山寨对手。

图 3—1　格拉梅西的吉奥吉奥餐厅于 2011 年 9 月提供的团购订单

2011 年大部分时间，高朋的银行家们在忙着为公司的上市造势。媒体的态度一半支持一半冷落。萨尔蒙向来眼里揉不进沙子，他在思考高朋应该得到这么高的估值吗？很可能，你也曾这样问过自己。你用谷歌搜索一下“高朋之庞氏骗局”（groupon ponzi sheme），将会得到 19 万条匹配记录。

萨尔蒙的忠实读者——包括我在内，希望能从“团购经济学”中看到些有用的精辟分析、智慧以及朴实无华的感情。这些因素使得萨尔蒙成为近似于大萧条商业世界中最清醒的观察家之一。我们已经适应了萨尔蒙的苛刻，他写了几篇这样的文章，如《拉雅·古普塔是如何败坏麦肯锡集团的》（*How Rajat Gupta Corrupted Mckinsey*）、《有线电视卫星新闻的冒险》(*Adventures with CNBC's Anchors' Statistics*)等。这些文章都在他对团购做出解释后的几周内发表。本以为这次他又要对团购经济学发难，没想到这位出生于英国的记者让我们大吃一惊。他写了上千字来说服自己承认“团购经济学”是切实可行的。为了对自己的主张进行辩护，他使用了一连串极端的描述：

- 这在广告营销的世界中或多或少是没有先例的；
- 在市场目标方面，团购订单的方法与之前的方法相比，不知要好多少倍（精确地说，一个团购订单就要好十倍）；
- 用于参与团购交易的方法是如此众多且各不相同，这对商家是有利的；
- 商家良好的信誉会像野火般迅速在Facebook及其他社交网络中传播。

在奇怪的、令人振奋的表象下面，萨尔蒙接着编织自己的理由：

高朋创造了双边市场，将消费者跟当地商家联系起来。消费者们急于省钱，而商家则急于寻找新的消费者。只要双方都满意，高朋就可以收取佣金。

对萨尔蒙来说，高朋个性化的特点更像一张通过数字化传递的优惠券：“高朋的注册人数越多，交易就越有针对性。高朋利用算法来增强呈现与客户的交易和其需求之间的相关性。不断完善这一能力，对公司长期的发展非常重要。萨尔蒙在推出“团购经济学”四个月之后，在其一篇

> **NUMBERSENSE**
>
> 高朋创造了双边市场，将消费者跟当地商家联系起来。消费者们急于省钱，而商家则急于寻找新的消费者。只要双方都满意，高朋就可以收取佣金。

题为《高朋将走向何方》(*Whither Groupon*)的博文中提出了这样的观点。此时，别的观察家则开始担心高朋的收益率在逐渐放缓。

也许你曾收到过高朋给你发来的电子邮件，也曾满腹狐疑过，天下没有免费的午餐，占小便宜会吃大亏；也许你已经跟高朋做过了几笔交易；也许你正在考虑在高朋上市时购买它的一些股票；也许你听说过这样的故事，有些商家差点儿被高朋的促销手段给弄得倾家荡产；也许现在你正试图抛出高朋的股票。接下来，让我们看一下数字直觉是如何帮你看清高朋这个销售巨头的真实面目的?

> **NUMBERSENSE**
>
> 通过数字直觉能帮你看清高朋这个销售巨头的真实面目吗?

盈利与亏损的分界线

菲力克斯·萨尔蒙的“团购经济学”的主线是引导我们了解团购的商业模型。他在博文中拿出一半的数据来谈论商家的经验，其中的案例主要讲的是一家叫做“吉奥吉奥”的餐厅的经验。这家餐厅位于纽约曼哈顿萨尔蒙所住的街区。他抓住了关键问题——消费者大多喜欢高朋的交易，这并不重要，他们当然确实喜欢了，不过，商家的退出会给高朋的市场带来灭顶之灾。

即使是经验丰富的专栏作家，也对商家的角度视而不见。大卫·波格(David Pogue)是《纽约时报》的知名科技评论家，也是高朋的狂热粉丝。翻阅一下他的评论，就不难发现，在他的评论文章中总是用一些带有强烈感情色彩的辞藻如“眩晕”、“激动”、“独家经营”以及“意外的好运”，等等，到处都洋溢着盛赞之辞。而对商家，他却泛泛断言：“他们没做一丁点儿宣传，却一夜之间获得了新顾客。”最后这句话仿佛在庆幸一种没有付出而获得回报的好事。要是餐厅老板真的能通过免费的广告将当日的餐品全都卖了出去，他们又有什么理由不喜欢它呢？

大多数人基本上都了解商家是如何借助高朋向消费者提供交易从而获得利润的。在高朋首次上市路演（roadshow）期间，作为我们讨论起点的基础数学已经作为案例分析为潜在的投资者做了展示。

位于肯塔基州路易斯维尔的Seviche餐厅，卖出了800张优惠券，这笔交易很划算——“只用花25美元就可以享受价值60美元的拉丁菜和饮料”。一般来讲，高朋的用户平均每人在餐厅要消费100美元。他们用优惠券付60美元，再从兜里掏40美元，再加上各种税及小费。之前消费者购买优惠券付了25美元，这些钱高朋和餐馆一家一半。Seviche餐厅留下这40美元，再从高朋那里拿到12.5美元。总而言之，Seviche餐厅从这单交易中赚到52.50美元。扣除33美元成本，Seviche餐厅每桌的净利润是19.50美元。要是这800张优惠券都被兑现的话，总利润就达15 000美元。高朋提醒商家，这个数目并没有将回头客带来的利润考虑在内。

粗略看一下最基础的数学，就不能像波格所总结的那样，简单地说像Seviche这样的商家“不需要做任何市场宣传，就能在一夜之间得到很多新客户”。神奇的高朋免费给商家送客户！不过，让我们仔细来看一下那些美妙的数字吧。

如表 3—1，该表展示了从数学的角度得出的不同看法。对商家来说，常客每消费 100 美元，可带来 67 美元的纯利，而那些从高朋那里购买优惠券来消费的客户，每消费 100 美元，只能带来 19.5 美元的纯利。其中的 47.50 美元蒸发了。钱到哪里去了？高朋索要了 12.50 美元，与此同时，35 美元让利给了客户，毕竟这是一笔只要付 25 美元就可享受 60 美元大餐的交易。因此，Seviche 餐厅本可以赚到 67 美元，但实际上拿到手的还不到三分之一。被高朋吹捧为赢家的销售策略，实际上也许就是一文不值。

表 3—1 Seviche 餐厅收入失踪的案例

	常客	高朋团购客户	
消费金额	\$100.00	\$100.00	
餐厅成本	–\$33.00	–\$33.00	
	—	–\$47.50	← 钱去哪里了？
餐厅利润	\$67.00	\$19.50	

19.50 美元的利润看起来好像还不错，不过跟本应得的 67 美元放在一起，就显得微薄了。统计学家把“本该是这样的情况”称为“反事实”（counterfactual），这是统计学中的一个基本概念。假如，同一名顾客在 Seviche 就餐而没有出示优惠券，这样的话，Seviche 那天晚上将获得 67 美元。而实际情况却是该餐厅只赚到 19.50 美元的利润。

由于官方的分析将实际获得的数目（19.50 美元）作为“真实数据”，因此，你就感觉不会出错。不过，要是你懂得简单的数学能够揭示大胆的假设的话，那么你就会改变思维。这个假设是：每个优惠券的使用者都是图便宜的人，他们来 Seviche 就餐的唯一原因就是高朋提供的折扣。要是某天晚上有 50 位顾客兑换了优惠券，那么，我们要假装相信：要不是高朋，这 50 桌肯定会空着。这是令人难以置信的。

那 Seviche 餐厅到底是赔了还是赚了？在官方的说法中，餐馆明显是赚了。我不这么认为，高朋的促销手段将 Seviche 餐厅的潜在利润劈成了三份：一份给了顾客，一份给了高朋，剩下的留给了餐厅。真相介于中间。有些优惠券的购买者是生客，他们从未光顾过 Seviche 餐厅，而其他人则是搭便车的（free rider），这些人常在那家餐厅吃饭。生客跟搭便车者的比例决定了利润水平，从而决定了商家的满意度。每位搭便车者给餐厅带来 47.50 美元的损失，这部分损失要由生客带来的利润增加值来补偿，生客每桌带来 19.5 美元的利润。要想使餐馆的账单维持平衡，高朋的促销手段至少得开发 2.5 个新客来补偿 1 个熟客所带来的损失。换句话说，70% 的优惠券兑换必须来自第一次光顾的客人，这样才能打破收支平衡。（哎呀！）

不过，你肯定会申辩说，800 张优惠券意味着 80 000 美元的消费额，除了能使餐厅爆满之外，还能为 Seviche 带来 15 000 美元的纯利润。既然这样，那我为什么要为想象的损失而忧虑不已呢？假设上面所说的那些用餐者中有一半的人是生客，另一半是熟客。那么，要是 Seviche 餐厅不使用优惠券，餐厅的纯收入来自于 400 位熟客，餐厅从每位用餐者身上赚 67 美元，那么总利润就是 26 800 美元（另外的 400 桌将空着，对利润没有贡献）。这样算来，Seviche 餐厅使用了优惠券反而少赚 11 800 美元！

这样的经验让那些对团购毫不怀疑的生意人很泄气。俄勒冈州的北波特兰有一家叫做波特兰（Posies Bakery & Cafe）的面包咖啡店店主杰西·伯克（Jessie Burke）推出了一项优惠活动，花6美元就可以享受13美元的食物。三个月后，她的生意看起来很健康，然而，她亏了不少钱，以至于要注入个人存款8 000美元来付租金和工资。“这种情况让人厌恶，尤其是在我们的销售额不断提高以后。”对没有料到的损失，她这样形容道。

网络营销真的那么管用吗

跟大数据联系最紧密的行业是网络营销。当电子商务网站的主人每周7天、每天24小时监控每一次点击、每一次鼠标滑动时，就会产生惊人的数据量。消费者匿名的日子已经过去了，因为信用卡、借记卡以及电子支付系统必须核实用户的姓名和地址。因为有了这些大数据，所以大家普遍认为网上广告营销比传统方式更可量化，更会认真负责地对待每一个账户。但这个新兴行业的专家却经常让反事实测试不合格。不妨来看一下下面的两个例子。

> **NUMBERSENSE**
>
> 跟大数据联系最紧密的行业是网络营销。当电子商务网站的主人每周7天、每天24小时监控每一次点击、每一次鼠标滑动时，就会产生惊人的数据量。

Twitter是否真的能推动戴尔计算机的销量

时髦的商业杂志《快速公司》（*Fast Company*）曾冷嘲热讽地说：“你们这些怀疑论者现在可以闭口了吧？被人称之为生活播客或社交网络的Twitter的确承担起了营销工具的功能，这一点已经被个人电脑零售巨头戴尔所证实。"美国技术行业的保守派戴尔，直到2009年才对Twitter这个高科技领域的小明星予以认可。Twitter是个发展强劲的网络服务商，它给早期的使用者带来的惊喜跟给旁观者带来的困惑一样多。从表面来看，Twitter是将今天称之为"推文"（tweets）的文本信息发布到网上。从此，原本属于私人的交流方式开始变得公开化。任何人都可以关注他人的推文。那些特别俏皮的段子会被转发给自己的粉丝，这跟在朋友圈中转发含有特别闹腾的笑话的电子邮件相似。用户登录Twitter账号时，就可以浏览自己所关注的对象之前所发布的消息。登录Twitter会让人产生一种"在星期五的晚上，走进一家非常拥挤的饭店，谈话声纷攘而至"的感觉。

作为一家直销商，戴尔迫不及待地加入了那些聊天中去。戴尔在Twitter上运营自己的直销店（@Dell Outlet）的两年间，就卖出了价值650万美元的电脑、配件及软件。戴尔在Twitter上的140万粉丝，通过12个国家的35个数据流获取特别报价。《快速公司》为此提供了一个投资回报率（ROI）的标准分析：

假如戴尔每年给100位Twitter写手每人发65 000美元[这些钱包括了福利跟经常性支出（overhead cost）]，让他们每天拿出四分之一的时间来精心编写140个字的短文，而计算机供应商每年只需要在Twitter营销项目中投入130万美元，这意味着一个非常有吸引力的回报率——150%[算法是这样的：6.5除以2减去1.3，再除以1.3，单位是美元]。也就是说，每100美元的支出将会带来150美元的增量收入（incremental revenue）。

戴尔的数据分析师能够将这 650 万美元中的每一块钱都跟一系列动作联系起来。他能够将时间定位到百分之一秒，比如，顾客什么时候授权进行信用卡交易，顾客什么时候接受了销售条款，顾客什么时候将商品放进虚拟的购物车里，顾客什么时候访问电子商务网站，最有说服力的是，顾客是在什么时候点击查看了 Twitter 信息。要是能查到任何一次交易跟这 100 名 Twitter 写手所创作的推文之间的关系，那么是不是就能清楚地知道每一块钱是怎么赚来的吗？线上营销从业人员将数据流视为圣杯。除了这个，还需要别的证据证明营销成功了吗？

但无论何时，当别人向我们展示投资回报率（ROI）时，我们都应该问一下反事实假设。假设戴尔营销人员回绝 Twitter，那么这价值 650 万美元的生意就黄了吗？虚拟现实，我们当然不能去观察，不过，可以很好地进行猜测。没有人会因为偶然原因去追随 @DellOutlet，一般都是很主动地去订阅戴尔的官方 Twitter。由此看来，那些追随者是正在寻找新电脑的购物者，包括那些戴尔的忠实用户，这些人为戴尔良好的信誉和公道的价格所吸引。他们正在找便宜货，也懂得 Twitter 的保存期限比较短。对这些人来说，即便戴尔停止使用 Twitter，大部分追随者也会购买戴尔电脑。因为除了 Twitter 之外，戴尔还有其他渠道，比如商品目录、电子邮件、零售店、植入式广告、电视广告以及其他渠道。这样的话，戴尔所报告的 650 万美元的销量和 150% 的投资回报率，的确是被夸大了。这里面有多少顾客会因为戴尔没有上 Twitter 而不去购买它的电脑呢？

统计学家在确定因果关系时，限定了很高的标准。最流行的标准是反事实视角，哈佛大学的唐·鲁宾（Don Rubin）从20世纪70年代开始就坚决支持该标准。

戴尔在Twitter上的项目的作用仅限于跟点击流捆绑在一起的那部分销售。我们需要借助想象的世界来帮助解释真实的世界。想象的世界就是一种反事实，在那个世界中，戴尔没有发布微博。戴尔的销售人员建立了数量庞大的销售路径，因此，即使堵住了一条渠道，还有其他路径通着。举例来说，顾客可以拨打客服热线，或者直接登入戴尔的网站进行交易。Twitter写手们想尽办法增加那些戴尔通过其他路径无法接触到的购物者的数量，以此来赚取工资。

反事实思考，让事情变得更明确，点击流不是偶然的。我们通过追查这一系列的点击能够确认某次交易发生的路径。不过，将“如何”跟“为什么”混淆起来就是错误的了。

国际数据公司与软件盗版的代价

国际数据公司（International Data Corporation，英文简称IDC），是一家领先的市场调研公司。如果它能尽早地看出点什么来，是完全可以避免尴尬的。商业软件联盟（Bussiness Software Alliance，BSA）是专为软件行业做推广的团体，他们雇用IDC写一份关于全球软件盗版的年度报告。在这份报告中，分析人员评估了由于盗版给软件行业带来的金钱上的损失。这家调研公司利用各种问卷，确定了新软件中被盗版的数量，然后将这个数量跟该软件的平均零售价相乘。该公司一直坚持称这一结果为“盗版损失”，直到2009年才将这一术语换成“未授权软件的商业价值”（commercial value of unlicensed software）。

对该问题的重新标定揭示出了一个从反事实进行的对话。前五份报告的批评者指责说：那些具有实际意义的软件的真实需求并没有在想象的世界中被体现出来。一大批所谓的盗版软件的用户，尤其是那些居住在世界上比较贫困地区的人们，如果将盗版通过某种方法彻底根除掉，他们也就不会再用这个软件了。由此说来，不是未授权软件的每一美元都可以直接算作这个行业的损失。即使免费会导致过度消费。我在伦敦旅行时，曾经光顾过一家提供亚洲自助餐的餐厅，该店店主贴出一张看上去有些厚颜无耻的告示，上面写着：“碗里剩一根面条，罚钱1磅。”

为了合理地评估盗版所带来的影响，人们就不得不想象一下要是没有盗版的话，这个世界会怎么样。虽然需要做某种程度的猜测，但是如果忽视这个想象的世界的话，肯定会招致不正确的结论。要是有疑问，就该问一下：“可能会怎样？”

NUMBERSENSE

为了合理地评估盗版所带来的影响，人们就不得不想象一下要是没有盗版的话，这个世界会怎么样。虽然需要做某种程度的猜测，但是如果忽视这个想象的世界的话，肯定会招致不正确的结论。

定型化的重要性

团购所带来的预想不到的损失让波特兰面包咖啡店的主人杰西·伯克感到很震惊。有一天，她的一名忠实顾客来到她的店里要求兑换自己手里过期一天的团购优惠券时，她很不情愿地拒绝了这位女顾客的要求。于是，这名女顾客被惹恼了。（伯克在餐厅的博客上对自己与高朋之间糟糕的合作进行了一番吐槽之后，她们之间的关系又重归于好了。）

尽管一些不愉快的经历多少损害了她对团购的整体感觉，但伯克还是肯定了这种以折扣为基础的促销给她的小店的确带来了很多不错的新客户。她发现并没有像平分团购客户那样的事情发生。

At EaT 是一家牡蛎酒吧，也在俄勒冈的波特兰——是高朋最成功的本地市场之一。有多达 1 500 名优惠券的持有者，他们只要付 12 美元就能享受一顿 25 美元的海鲜。客户的反应着实让这家才营业三个月的餐厅主人惊呆了，该店主详细描述了当时的场景：

一大批生客排挤、削弱并疏远了那些付全价的常客，而且侍者得到的小费也减少了很多。然而这些生客当中的大多数人是不会再回来了。

那些忠实的顾客可能会很生气，甚至掺杂着一些厌恶、反感的情绪，就像在飞机上，那些友善的乘客穿过走廊时，透露说他们只花了你一半的机票钱。

这两位商家都本能地识别出了优惠券使用人群的两种类型：新人和搭便车者。销售人员将这种定性化的方法叫做“客户细分”。而这两类人之间的不同很容易就能被辨别出来：搭便车者不管怎么样都会去买，而新人之所以会关顾仅仅是因为有优惠券。早期的分析显示，尽管初次光临的顾客人数都会在第一次消费之后急剧减少，但他们还是会带来增量收入（incremental revenues）的，而每一位使用了优惠券的常客则会给餐厅带来损失。这两部分人群在别的方面也有细微的差别。老练的销售人员在设计销售策略时是会留意这些因素的。

这些搭便车者不太可能通过减少消费的数量来挤压商家，也不会紧着优惠券的面额来消费，不多花一分钱。作为一名常客，他们跟餐厅的某些员工相处得很好，也知道该把钱花在什么上。第一次来吃饭的客人都是陌生人，团购无疑会鼓励人们表现得斤斤计较一点儿，会根据除去折扣以外的账单来付小费，然后再次使用优惠券，获取更多的优惠券，等等。要是他们不打算再次来消费，就会放宽限制。

出人意料的是，倒是搭便车者更喜欢这种交易。就像菲尼克斯·萨蒙所想的那样："如果你已经是某个地方的熟客了，那么，购买他们的优惠券是明摆着的事儿。"《纽约时报》的评论员大卫·波格坦白自己就是搭便车者。他兴高采烈地描述自己的战绩：在邻家餐厅花 10 美元买到价值 20 美元的食品，15 美元享受 30 美元的干洗服务，在巴诺书店花 10 美元买到价值 20 美元的书。"因为这些东西我迟早都要买，那为什么不用优惠券来买呢？"他坦言道。由于团购要求提前付费，那新手有可能在冲动之前三思而后行，这就进一步推动了搭便车者"逆向选择"（adverse selection）的可能性。

一般来说，生客再次光临饭店的可能性很低。从定义来看，搭便车者一向对饭店比较满意。他们很愿意再次光临并不介意付全价，特别是像瑜伽班或者沙龙，如果新客户再次登门时，会被那么高的价格吓一跳。伦敦 Spotless Organic 公司的老板汉娜·杰克逊－马通贝（Hannah Jackson-Matombe）告诉 BBC 的记者："总体上来说，我们从（高朋）用户那里获得了良好的反馈。但要是你拿出 20 英镑来支付我的烤箱清洗费，当然这项服务的正常价是 99 英镑，你是不会付全价的，当然我也不会这样做！"

NUMBERSENSE

一般来说，生客再次光临饭店的可能性很低。从定义来看，搭便车者一向对饭店比较满意。他们很愿意再次光临并不介意付全价。

这两个概念——反事实和客户细分引导着我们逐渐走近商家“团购经济学”背后的真相（如图 3—2）：

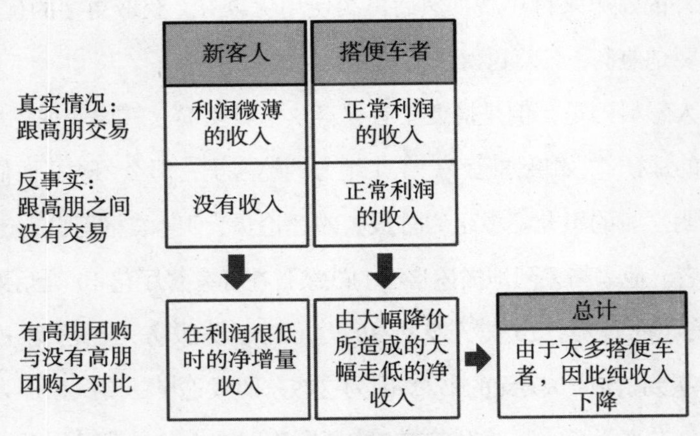

图 3—2　商家团购经济学

图 3—2 中，净收入指的是刨去团购折扣外的净收入。第三组顾客，即那些即便有现成的优惠券也不去用的常客，这些人不管在何种情况下所贡献的收入都是一样的，因此，不计入此分析中。

将上述结果与通过极其简单的方法所得出的官方分析进行对比，如图 3—3：

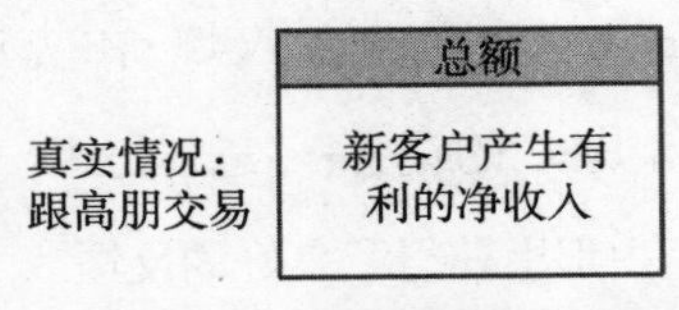

图 3—3　过于简单的官方分析

被大众传媒所接受的官方分析，并没有抓住那些即便销售量有所改善而实际上却亏钱的那部分商家所总结出来的经验。

假如你是商家的话，你肯定希望用优惠券塞满整个网络空间，以吸引尽可能多的新客户，同时又希望忠实的顾客不知道你们在搞促销。不过，这两个目标是不可能如此和谐统一的。这就跟你想雇用一名造雨师，并希望人造雨只洒向在特定的区域一个道理。“目标定位技术”（Targeting Technology）期望能解决这个矛盾。我们将定位看做一种分类机制。假如高朋能够创造一种算法来定位理想的购买人群，那么这种交易对零售商来说就净赚不亏了。我们将在第4章重新捡起这个话题。

NUMBERSENSE

假如你是商家的话，你肯定希望用优惠券塞满整个网络空间，以吸引尽可能多的新客户，同时又希望忠实的顾客不知道你们在搞促销。

高朋是在帮商家还是在害商家

高朋的零售商们的实际经验参差不齐。正如上面我们所知道的那些，所依据的无非是出现在新闻报道中的一连串的评论文章。有些商家发誓以后再也不跟高朋合作了，而另一些则说是高朋帮他们实现了愿望。为了回应高朋的批评者，高朋公司那位玩世不恭的创办人安德鲁·梅森（Andrew Mason）于2011年8月，在公司内部发布了一份动员大会式的备忘录，以自吹自擂的口吻说道：“对我们公司的否定性评价只会将我们置于有利的位置，以超越我们对首次上市的期待，我也看到了好的兆头，我可以保证，你们不是那些丑角中的一个。”梅森暗示，反对者们挫败了他向公众做出解释的真诚努力：

我尽最大努力将[高朋的故事]讲得简单一点儿，要领会我的意思，你们恐怕得读上三遍。这不是个简单的东西，很容易让人们认为我们是呆子，要是人们有所怀疑，是可以谅解的。

就高朋对于零售商的价值方面的论证，我们的“玩具模型”将给出什么样的结论呢？一笔交易的利润取决于两种类型顾客之间的均衡，这个均衡通过生客与熟客的比例来测量。那些特征良好的商店能从这些促销中盈利，不过，高朋并非对所有人都是天赐之物。“玩具模型”能为我们提供一些线索，发现哪些店铺能最大限度地利用推销的优势。

任何一家熟客较少的店铺，比如说新开的店，从团购推销中受益的概率比较大。假设在熟客身上只有有限的收入损失，那么这家店大部分的优惠券使用者都会是新客。2011 年 3 月，杰森·米德尔顿（Jason Waddleton）在波士顿开了一家叫做避风港（The Haven）的苏格兰酒馆，他们针对刚刚推出的早午餐—午餐服务进行了团购优惠券的促销活动，生意非常红火。这家有着 60 个餐位的餐厅卖出了 1 300 张半价的团购券。米德尔顿欢迎纷至沓来的就餐者：“欢迎光顾我们永远忙碌的早午餐！”

> **NUMBERSENSE**
>
> 对于任何依赖于生客的零售商家，通过团购赢利的机会都比较大。

对于任何依赖于生客的零售商家，通过团购赢利的机会都比较大。玩具模型可被增强用以解释说明预期收益，也就是通常所说的“顾客终身价值”（lifetime value）。因为一般的生客在店消费的时间越久，商家也就越不需要为熟客提供优惠。让我们乐观地假设一下，第二年将有三分之一的生客光顾 Seviche 餐厅。要是他们真的这样做了，也就是说他们在这家餐厅一共消费了两次，并且付全价。因此，一年当中，Seviche 餐厅除了第一次因生客的光顾而赚到的 19.50 美元之外，还将有望赚到另一个 44.70 美元（33% × 2 × 67）。现在，每个生客要为 1.4 个熟客买单。这仍就意味着必须有 40% 的团购使用者是生客，才能弥补商家的损失。

对有些商家来说，即便得到这样一个比例，这也是一项艰难的任务。美国玩具公司（U.S Toy Company）曾在其位于堪萨斯州的店，提供一次“只需付 5 美元就能得到 20 美元的玩具”的团购优惠券促销活动，他们注意到 90% 的团购优惠券使用者都是现有客户，店铺利润的四分之三丢在了补偿因老客户而产生的损失上。除此之外，第一次光顾就有这么大的折扣，也许会给顾客造成一种很便宜的印象。当他们下一次光顾被要求付全款时，会遭遇“价签震惊”（sticker shock，意思是看了标签上的价钱后感到震惊不已，形容定价太高）的情景吧。

抛开回头客不说，商家们有时还对首次团购促销所取得的销售业绩感到惊讶。Seviche 餐厅能诱使就餐者消费更多的钱，而不仅仅是团购券上 60 美元的面值，是因为客人叫一瓶红酒通常就足够 60 美元了。有一家按摩院的广告上宣传说顾客可以省 50 美元，然后当顾客光临时，才得知自己面临着两种选择：要么放弃其中的 11 美元，要么至少加 10 美元的额外服务。我们的“玩具模型”已经将超额这个因素包括了进来。对 Seviche 餐厅来说，平均 100 美元的账单等价于优惠券面值加上 40 美元的额外支出。超额部分的盈缩决定了该餐厅的收益情况。

有些零售商可能很难怂恿购物者超额消费。在饭店里，诱使顾客多花钱是有可能的，不过，要是在瑜伽馆，情况可就不同了，我们很难想象用 2 节课的价钱卖出了 10 节课后，还能在这一天卖出更多的课程，特别是当天光顾的顾客，很多人都是冲着捡便宜而来的。那么，对商家，情况又是怎么样的呢？我们不妨举个例子，美国玩具公司的第三代东家乔纳森·弗里登（Jonathan Freiden）告诉《华尔街日报》（*Wall Street*）的记者在发出的 2 000 张优惠券中，大部分消费者纯粹是为了占他的便宜：“这些人在我们店花的钱甚至不如平均消费额。这的确令人很伤心。”这还存在着一个实际的困难。Spotless Organic 公司的杰克逊－马通贝女士解释道：“拿着优惠券的顾客让你应接不暇，哪还有机会去追加销售呢！”

超额消费引起了负面效应。从顾客的角度来看，超额消费的每一块钱都不是省下来的钱。让我们仔细来分析一下 Seviche 餐厅吧，该餐厅为顾客提供特价服务，只要付 25 美元就可享受 60 美元的食物，广告宣传说折扣率高达 58%。要是你付 100 美元，那么您的报价实际上就是付 65 美元享受 100 美元的食物，说得更实在一点儿，就是 35% 的折扣率。聪明的用户很快就能把这笔账算清楚。

有一些观察者宣称，那些毛利比较丰厚的生意可以承受使用高朋团购的代价。那不是“玩具模型”告诉我们的：即便是将 Seviche 餐厅的毛利率从收入的 67% 增加到 85%，也不会改变从每一位熟客身上所产生的平均 47.5 美元的损失。要是你觉得这听起来不怎么对头，那请你一定记住，在反事实里，如果顾客不使用优惠券消费，那么他们每人将贡献 85 美元的毛利。如果你们公司在跟高朋联手前利润就挺丰厚的，那么即便没有高朋，它仍然超级赚钱。事实上，在高朋掺合进来之后，它也要分得一杯羹，因此原先丰厚的利润将会缩水，不是吗？

目前，兑现优惠券的使用者越少，优惠券就会变得越实惠。要是交易只买不用，那么缴入价值（paid-in-value）就直接落到了商家的盈亏总额中，除非高朋囤积过期的价值。不过，高朋需要提前付款，赔付的比例是极高的，通常要超过 70%，而且难以控制。反之，消费者却抱怨说那些针对燕麦粥的、优惠额度小于 1% 的小额优惠券完全可以从报纸上免费索取。最后，将生意寄希望于消费者的健忘症或多或少有些可悲。让同一位忘记兑现优惠券的顾客不断地去购买优惠券，同样也是不可能的。

我们一旦有了“玩具模型”，探索各种各样的情景就是一个简单的事情了：

- 少量的超额消费；
- 比较多的补偿；
- 较高的利润；
- 较低的回头率。

大数据分析人员从这些“玩具模型”开始，然后将目光伸向了实验室外面的世界，来检查他们世界观的镜子究竟在多大程度上反映了现实世界。一旦发现某些不匹配的地方，分析师们就立即通过加进一些细节层次来对模型进行调整。

> **NUMBERSENSE**
>
> 大数据分析人员从这些玩具模型开始，然后将目光伸向了实验室外面的世界，来检查他们世界观的镜子究竟在多大程度上反映了现实世界。一旦发现某些不匹配的地方，分析师们就立即通过加进一些细节层次来对模型进行调整。

一个高朋式的促销对那些能够找到生客跟熟客平衡点的商家来说是有意义的。有件事是可以肯定的，那就是高朋不会给你免费做广告。只有当你忽略掉熟客时，才会认为是免费的。要是你想将辛辛苦苦赚来的利润捐献给这家高调的高科技企业以及那些渴望省钱的顾客的话，那广告才是免费的。

如果要让我推测一下的话，那么高朋与“餐厅周”（Restaurant Weeks）一样，将来依然有利可图。两种类型的餐厅在加盟名单中凸显出来。新入行的餐厅，由于没有多少忠实的老顾客，因而也没有什么好损失的，所以通常物有所值。而对那些已经经营了很多年的餐厅，在生意淡季，采用促销手段吸引顾客填满位子未尝不可。这些地方提供特别菜谱，但价钱绝非正常价位。这些商家做生意不靠回头客，因此也能够从那些一锤子买卖中赚到钱。

NUMBER SENSE

第4章 个性化销售真的能挽救高朋吗

> 在这个三方共赢的故事中，消费者明显赢了，高朋公司也赢了，但不是所有的商家都会赢。令人意外的是，就算顾客盈门，零售商也可能生意下滑。

这一天你工作很不顺。下午6点05分，你穿上外套正打算离开办公室，这时你的黑莓手机嘟嘟响了起来。短信是老板发来的："准备好第十号报告，明天早上放在我的办公桌上"。你的头脑中立即浮现出这样一张画面：那个混蛋正在他哥们豪华的翠贝卡（Tribeca）寓所里，用他的两个指头敲出这则短信，接着就闹哄哄地去玩扑克了。不光你的老板要休息娱乐，你也有自己的计划啊！已经约好了妻子到街角的寿司店共进晚餐。打电话回家？可不能就这么打回去。一想到将面对妻子劈头盖脸的斥责，你打消了这个念头。你需要什么东西来缓和一下妻子即将要承受的这个打击，好让她不致于反应太过强烈。你笨手笨脚地翻阅起《纽约时报》来。今晚乡村影院（Cinema Village）上演什么影片呢？好极了。有一部关于巴布亚新几内亚（Papua New Guinea）难民的纪录片。故事讲的是一对姐妹渴望闯入男权世界的故事。于是，你在心中演练了一遍要打给妻子的电话的内容：“很抱歉，亲爱的！晚餐取消了，不过，稍后我们一起去观看《碎片》（*Splinters*）吧，影片里面有关于冲浪、第三世界以及妇女问题的内容，是一部备受好评的作品，爱你。”与此同时，一则提示在你的电脑屏幕上不停地闪烁着。难道是喝迷糊了的老板发来的昏头昏脑的邮件？不，是高朋发来的——今晚在乡村影院放映的电影《碎片》半价。真是黑暗中的一道曙光啊！你毫不犹豫地点了一下那个字体大大的“买”字按钮，并在心里默念，希望待会儿打电话回家时，运气好点儿。

> **NUMBERSENSE**
>
> 营销人员做梦都想梦到这样的剧情。在合适的时间，跟合适的人做生意，无疑是销售成功的三合彩。

营销人员做梦都想梦到这样的剧情。在合适的时间，跟合适的人做生意，无疑是销售成功的三合彩。所谓尤达的水平（Yoda level）就是“个性化”状态，有时也被描述为“一对一”，就好像销售人员直接跟你对话一样。销售人员假定人们不憎恨广告及促销——如果自己提供的信息跟发送对象是有关系的，那么人们就不会反对。高朋这家经营每日特惠的公司已经被连到了一个大型的电子邮件数据库中。金融博客的博主萨尔蒙的这些支持者们，认为他们专有的定位算法对创业企业的成功非常重要。那么高朋的定位算法到底有多有效？让我们来了解一下。

通过电子邮件检索

奥古斯丁·富（Augustine Fou）是一位资深的数字营销人员。他友善地让我随便翻阅来自高朋的邮件存档。邮件中保存了从 2010 年 12 月 1 日到 2011 年 6 月 30 日长达 6 个多月的 776 笔交易。直至 2011 年 3 月底，高朋会每天坚持给他的收件箱中发一条特惠信息。从那以后，发送特惠信息的频率从一天一条飙升到一天六条：其中有一条有特色的优惠信息，是自己出现了一次，而后作为最受热捧的特惠信息，又在其他四条信息的顶部出现过一次。可以说特惠信息无所不在，从各个角落蜂拥而至：从求偶速配（SpeedNYC Dating）到笑面佛瑜伽中心（Laughing Buddha Yoga Center）；从布鲁克林（Brooklyn）电影节到尼古拉斯·托斯卡诺整牙博士（Nicholas Toscano D.D.S.）；从史坦顿岛的好家伙比萨（Goodfellas Pizza）到遍布纽约的干燥调味品的供应商 Nutbox。在上述团购邮件中，与餐厅有关的特惠信息最为频繁（124 例），其次是水疗跟美容沙龙（85 例）、健身（73 例）及美容（48 例）相关的服务。不常见的优惠券有珠宝行（11 例），约会服务（2 例），还有跟宠物相关的生意（3 例）。

我请富先生将每种商家类型按照他感兴趣的程度，在一个 1~5 度量表上打分。他给餐厅、美食店、礼品店、男装店打了 1 分，这表明他会打开涉及到这些服务的邮件。结婚以后，他就不再在曼哈顿开车，不再养任何宠物，不再指望换医生，不再喜欢跳舞，因此，他忽略了所有这些打 5 分的商户种类。中间的评分是“有时感兴趣”、“中立”及“通常不感兴趣”。

要是高朋的定位技术跟他们宣传的一样聪明的话，它就该知道富先生喜爱美食，也经常去商场买衣服（通常是男士的饰品）跟礼品。它就不该将那些来自医生、舞厅、宠物商店和约会网站的交易寄给他。那么那些数据说明了什么呢？

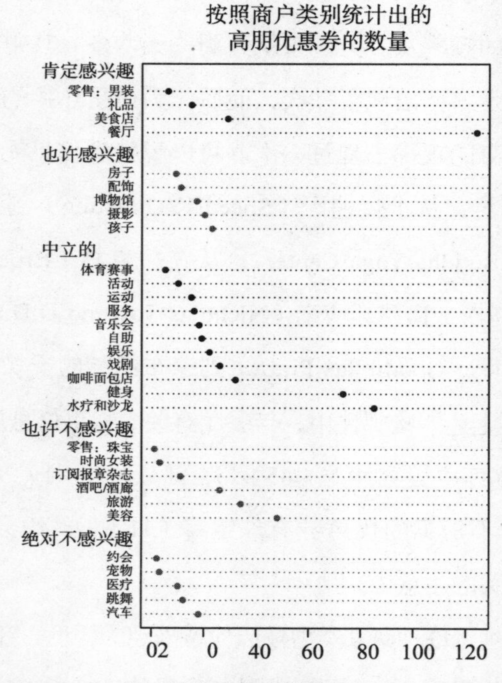

图 4—1　高朋推荐商品跟富先生的兴趣匹配图

在图 4—1 中，我们将高朋推荐商品跟富先生的兴趣进行了匹配：在 2010 年 12 月 1 日到 2011 年 6 月 30 日高朋所提供的团购商品类别中，被富先生评为“肯定”或者“也许”感兴趣的项目只有 34%。

图 4—1 概括了我的发现。富先生所陈述的兴趣跟高朋所提供的商品推荐唯一相匹配的是餐厅这一类。总的说来，餐厅大约占了高朋所有推荐的四分之一，对富先生来说，餐券大约占了收到的团购优惠券的

16%。如此看来，高朋的目标定位技术的预测质量并没有那么特别地突出。除了餐厅之外，富先生收到的优惠券大部分来自矿泉疗养院、发廊及健身中心。对于这些优惠券，他的态度有些模凌两可。其次是美容和旅游，对于这两种优惠券，他统统会忽略掉。总体来看，富先生邮箱中的 34% 优惠券都属于第一或第二等级。

我们期望有某个定位系统能够随着时间的推移而不断改进。也许高朋的计算机在过去的六个月已经找到了线索并改善了交易的针对性。不过，从图 4—2 来看，我们缺乏足够的证据来证明高朋的定位技术已有所改善。令人失望的是，随着时间的推移，那些送给的奥古斯丁·富先生的跟食物有关的团购优惠比例减少了，更多的比重分给了富先生所不喜欢的一些次要爱好，像美容、旅游及酒吧 / 酒廊什么的（这几项在富先生的 5 级评分表中，他都打了 4 分）。他对这种类型的交易兴趣不大。

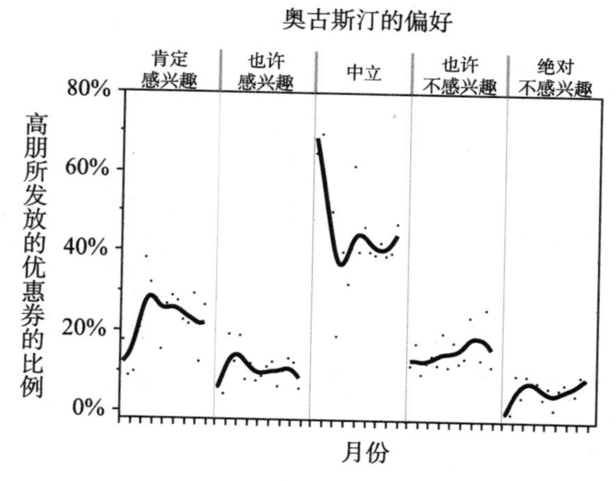

图 4—2　高朋团购优惠券类型的发展趋势

富先生的那个用于保存高朋所发邮件的储存邮箱似乎在告诉我们一个多么苍白无力的故事：传到他邮箱的大部分商品特惠信息都是不相干的。那么，高朋的投资者是不是应该考虑这一显而易见的败笔呢？

失败的乐趣

要是你认为奥古斯汀·富可能是一个特例，那么你应该抛弃那种简单的解释。我并不是拿富先生的经验来刁难高朋。要是你询问一个以建构定位模型而谋生的统计学家，那么你就会了解到，富先生的例子很典型而且是可预见的。检查一下你所收集的来自高朋的优惠券，你就会发现这家优惠券的供应商在预测你的好恶时都是失败的。

据说棒球界的传奇人物泰德·威廉姆斯（Ted Williams）曾评论说：他所从事的运动是唯一可努力的领域，在这个领域中，一个运动员要是10次中成功3次，就算得上是一位优秀的球员了。”那些勇敢的、致力于预测人类行为的科学家要面对的是一个相似的概率游戏。难怪棒球统计学是如此地吸引统计学家，以至于这个研究领域获得了一个专名，叫做“棒球统计数据分析法”（sabermetrics），而且在布拉德·皮特（Brad Pitt）主演的电影《点球成金》（*Money Ball*）中也有所反映，甚至在麻省理工学院还有一年一度的聚会，吸引了上百位爱好者。

NUMBERSENSE

富先生的那个用于保存高朋所发邮件的储存邮箱似乎在告诉我们一个多么苍白无力的故事：传到他邮箱的大部分商品特惠信息都是不相干的。那么，高朋的投资者是不是应该考虑这一显而易见的败笔呢？

定位模型30%的时间是失败的，那么它还算是一种成功的方法吗？让我们来弄清楚吧。

我们可以利用高朋的财务报表所提供的信息来对其定位技术的效率进行评估。2011 年第三季度，这家每日特惠团购公司卖出了 3 300 万张优惠券，不过要知道，他们管理着一个庞大的数据库，里面存储着 1.3 亿个邮件地址。由于每位订阅者每个月可以收到 30 封邮件，每封邮件展出 5 份优惠券，那么，我们就可以算出在那三个月内高朋要发送给订阅者多少张优惠券——整整 580 亿张啊！所投放的 580 亿份特惠信息邀约产生了 3300 万单的生意，顾客的回应率等于 0.06%。也就是说，每发出 10 000 张优惠券，只有 6 张会产生购买。反过来说，10 000 次努力就要失败 9 994 次！目标定位这事儿可不像扔橄榄球那般宽容（要是我们将一部分订单归功于高朋网站而非他们发送的电子邮件，那么，定位技术的命中率就更低了）。

不管高朋利用了什么所谓的定位技术，反正 2011 年左右，该技术创造了 0.06% 的回应率。包括路透社金融博客博主菲利克斯·萨尔蒙在内的许多观察家，期待高朋在目标定位技术方面加大投资，以增强该技术，从而证明其非凡的价值（自它上市的第一天，高朋的市值就超过了世界保险巨头安泰保险公司。该公司年收入 340 亿美元，为 3 500 万人提供医疗服务）。比方说，要是高朋研究出超级算法，将命中率提高 100 倍，即命中率达到 6% 的时候，也就是说每投放 100 份广告就能实现 6 份订单的话，那营销人员就已经非常满意了，即便 100 次努力有 94 次是失败的。不久，我们就会了解到伴随着这样显著的成功概率而来的是某些牺牲。让我们马上来调查一下定位技术是如何创造奇迹的。

当米兰达遇见帕特里克

21世纪初，MTV交友节目《房间突袭者》（*Room Raiders*），在电视里悬挂肮脏的亚麻制品、女裤以及其他从十几岁的节目参与者那里收集到的恶心东西。在每一集中，3个年轻人竞争一次约会机会。为了得到这样的一次机会，孩子们必须用与众不同的方式来打动潜男友或潜女友，让自己进入他们的住所，打开壁橱，对他们的私有品进行检查。约会的人事先没见过参赛者，因此，在翻捡他们的杂物时，要试着辨别出他们的性格、爱好以及好恶。《房间突袭者》这档节目毫不掩饰地抓住了那些渴望获得罪恶性快感的观众的心理，但不限于这些：看这个节目就像在看定位机器在工作一样，收集并分类整理五花八门的线索，来发表自己对一个陌生人嗜好的看法。

让我们想象一下，我们有一个代号叫做“米兰达·普里斯特利”（Miranda Priestly）的定位机器。这个机器的名字是根据2006年的一部热门电影《穿普拉达的女王》（*The Devil Wears Prada*）中的时尚女王的名字起的。

作为顶尖的业内人士，米兰达几十年来一直敏锐地嗅测着每种流行时尚。只要给米兰达一个名字，她就能为其推荐一件保证会获得赞许的套装。我们将她带到曼哈顿单身公寓，公寓的主人帕特里克·贝特曼（Patrick Bateman）是位傲慢的银行家，对时尚拥有不可置疑的感觉。这个人物出自美国作家布雷特·伊斯顿·埃利斯（Bret Easton Ellis）所写的《美国精神病人》（*American Psycho*）一书中。不用数到3，米拉达就能诊断出帕特里克痴迷于阿玛尼（Armani）西装、菲拉格慕（Salvatore Ferragamo）的鞋子跟奥利弗·皮帕斯（Oliver Peoples）眼镜。我们让米兰达去参观一个博物馆，那里保存着菲律宾前第一夫人伊梅尔达·马科斯（Imelda Marcos）留下的 1 000 多双鞋子。1986 年，她丈夫被赶下台，他们逃离了菲律宾，这些鞋子就是那时候留下来的。米拉达立刻就注意到伊梅尔达无比热爱鞋子。猜一下伊梅尔达最喜欢逛商场的哪个部门？那是个简单的问题，但如果让你猜猜伊梅尔达偏爱哪种风格、哪种颜色以及哪个牌子的鞋子呢？这个问题就比较复杂了，不过还是比较容易解决的，她仔细查看了展厅里那数量可观的样品，就知道答案。米拉达会给已故的苹果公司总裁史蒂夫·乔布斯推荐什么呢？黑色衬衫。那给张曼玉在《花样年华》中塑造的角色苏丽珍推荐什么呢？旗袍。

那给泰勒·尼特赖斯（Taylor Nitiolex）推荐什么呢？泰勒什么？我们从没见过泰勒（也许泰勒是个女生），也不知道他的地址。米兰达没有小橱柜可以检查。那可如何是好？既然没有任何线索可以参考，看起来是没有指望来预测泰勒是否会买霍利斯特（Hollister）的连帽衫，没法预测她会不会买薇薇·王设计的黑色晚礼服。

在大的分类里，比如在男士或女士的衣服、鞋子和饰物中，猜测会更稳健。米兰达可以使用随机挑选这种幼稚的策略，就像无能的学生在做多项选择题时瞎猜一样。

考虑到泰勒·尼特赖斯也许对时尚根本不感兴趣，米兰达从七种分类里随机挑选一种，那么她可能猜中的概率就是七分之一，这个结果完全是靠运气。不过，我们知道米兰达一点儿都不幼稚。作为一家顶级时尚杂志的编辑，她懂得生意在商场的各个部门之间的分布并不均匀，女装部的生意差不多是男装部的两倍。因此，米兰达为泰勒猜测女装部的服装。直觉将猜对的概率刚好提升到凭随机猜中的概率之上。于是，她借助平均法则：将泰勒视为“平均”消费者。米兰达能够做得更好。她查阅了首名（人名的第一个名字）数据库，发现叫泰勒的新生儿中四分之三是女孩。她因此就可以将泰勒看作“一般”女性而非“一般”顾客。

> **NUMBERSENSE**
>
> 米兰达的总体策略就是将每个消费者放进一个“相像”的组里，并且对待每一位顾客就像对待该组中的“平均人”一样。任何一种的定位技术的存亡都是由其发现相似组的能力所决定的。

由于任何人都极不愿意表现得跟一般人一样，所以米兰达成功的概率仍然很低。需要更多的信息来帮助米兰达实现目标。比如说，假如泰勒是一个住在曼哈顿市中心租来的公寓里的33岁单身女孩，那么，米兰达就会像对待一位住在曼哈顿市中心租来的公寓里的33岁的“一般”单身女孩那样对待泰勒。她了解这部分顾客以及她们的时尚观念。米兰达的总体策略就是将每个消费者放进一个“相像”的组里，并且对待每一位顾客就像对待该组中的“平均人”一样。任何一种的定位技术的存亡都是由其发现相似组的能力所决定的。

在上面的叙述中，我们要求米兰达将所有的人物跟所有的东西匹配起来。不过，一个更现实的目标是为某种商品寻找目标客户。比方说，为了支持新牛仔裤生产线的启动，Gap公司可能需要将新产品优惠报价发送给选中的顾客。他们也许会找米兰达商量，请她将一长串潜在客户的名单压缩成一份最有吸引力的目标花名册。列入该名册里面的人物最有可能接受优惠券。在数据的基础上，综合考虑 GAP 品牌的关系，米兰达在一个 0~1 分的量表上给每个人打分。0 分表示最不感兴趣，1 分表示全力参与。那些得分相似的顾客组成“外观相似”的组。是的，我们每个人确实都被换算成了数字，但至少不是那种批量生产的平均人。

你可以看到米兰达·普里斯特利在指导帕特里克·贝特曼时比在指导泰勒·尼特赖斯时，自信心更强。在指导帕特里克时，她凭借对他过去所购商品的直接观察，认识到他是一个单面人。而泰勒正好相反，她是个神秘人物。奥古斯丁·富先生对于高朋的定位专家来说也是如此。他的确购买了，不过仅买了为数不多的几张优惠券，再说，高朋公司开始运营也没多长时间。考虑到其微乎其微的命中率，大多数消费者就跟富先生一样，高朋对之了解甚少，因此，这些消费者会看到优惠券信息跟自己的需求相差十万八千里。

高朋的目标客户到底在哪里

高朋的订阅者所收到的那些最常见的优惠券都是被误导的。就像棒球运动员，建模者永远摆脱不了常常失败的命运。然而，作为统计学家，只要取得一点儿成绩，他们就会兴奋不已。

> **NUMBERSENSE**
>
> 高朋的订阅者所收到的那些最常见的优惠券都是被误导的。

要是 0.06% 这样糟糕的猜中率让你很受打击的话，那不妨想象一下，要是高朋关掉定位装置后会发生什么呢？假如高朋无视人们的喜好，给一个随机分类的邮箱投寄优惠券，那么成功的几率也许只有 0.03%。目标定位的诱惑力介于 0.03~0.06。虽然你我所得到的大部分优惠券都是误投的团购邀约，不过，将准确性提高了 100% 已足以获得一枚荣誉勋章了。

回想一下，在第 3 章中，我们讲过的位于路易维尔的 Seviche 餐厅，他们在 2010 年 2 月搞过一次团购促销。高朋在路易维尔地区有 20 万订阅者，其中有 6.5%（即 13 000 人）收到了 Seviche 餐厅的电子邮件，其中 6.2% 的人（即 800 人）购买了优惠券。假设，这 13 000 名订阅者都是高朋从其巨大的数据库中随机筛选出来的，那么，这个 6.2% 就是平均的命中率。那么，要是这 20 万订阅者，高朋都发了优惠券，那么购买优惠券者将超过 12 300（20 万的 6.2%）。高朋将促销活动限制在 13 000 封邮件之内，因此，Seviche 餐厅只不过实现了其全部商业潜力的 6.5%（800/12 300）。

我们只是在模仿统计学家是如何评价目标模型的。从这个分析中，有两个关键点会凸现出来：随机选择策略将 12 200 份广告邀约派发给无意购买的人（犯了假阳性错误），而与此同时，错过了 11 500 个潜在的购买者（犯了假阴性错误）。

那么，要是高朋开启了定位智能又会怎么样呢？假设定位策略的效率是随机选择策略的三倍，因此，既然随机策略获得了 6.5% 订阅者的生意，那么定位策略就该抓住 19.5% 的购买者（卖出 2 400 张优惠券）。模型构造者必须创造奇迹才能实现这样的表现水平，而且还有 80.5% [（12300-2400）/12300] 的潜在客户需要挖掘。

为了重拾一些丢掉的机会，统计学家可以扩大目标列表，比方说，将发送邮件的数量增加到原来的两倍，也就是派发给 26 000 个用户（即数据库的 13%）。餐厅本来有望拿走 1 600 张（12 300 的 13%）优惠券，这笔生意并不需要特殊的技术。要是引进了智能定位技术，也许能卖出另外 1 230 张（另外 10%）优惠券，此时，餐厅卖出的优惠券总数是 2 830 张，或者说实现了全部潜力的 23%。不过，虽然派发邮件的数量翻了一番，但是销售并没有翻倍，这种情况叫做收益递减法则（law of diminishing returns）。要是预测模型不负众望的话，前 13 000 订阅者比后 13 000 人更倾向于买优惠券。我们不妨来回忆一下，定位模型给每位订阅者分配一个等级，用以表示其购买优惠券的可能性的大小。他们假设高朋能够轻易达成目标，也就是去发现那些被认为最容易购买的顾客。图 4—3、图 4—4、图 4—5 分别展示了这些度量标准的细节。

<table>
<tr><td colspan="4">电子邮件数据库
200 000</td></tr>
<tr><td colspan="2">发送电子邮件的（随机）
13 000</td><td colspan="2">排除在发送邮件之列的
187 000</td></tr>
<tr><td>买的</td><td>不买的</td><td>会买（如果寄优惠券）</td><td>不会买（如果不寄优惠券）</td></tr>
<tr><td>800</td><td>12 200</td><td>11 500</td><td>175 500</td></tr>
</table>

$$命中率=\frac{800}{13\ 000}=6.2\%$$

$$错失的几率=\frac{11\ 500}{11\ 500+800}=93.5\%$$

图 4—3　定位方法 1：高朋随机筛选出 13 000 个名字

在图 4—3 所示的第一种定位方法中，高朋从其巨大的数据库中随机挑选出 13 000 个名字。在收到邮件的客户群中，命中率是 6.2%（800÷13 000），在未发送邮件的客户群中，错失的机会也是 6.2%（11 500÷187 000）

电子邮件数据库

200 000

发送电子邮件的（随机）		排除在发送邮件之列的	
13 000		187 000	
买的	不买的	会买（如果寄优惠券）	不会买（如果不寄优惠券）
2 400	10 600	9 900	177 100

$$命中率=\frac{2\,400}{13\,000}=18.5\%$$

$$错失的几率=\frac{9\,900}{9\,900+2\,400}=80.5\%$$

图 4—4　定位方法 2：高朋随机筛选出 13 000 个名字

在图 4—4 所示的第二种定位方法中，高朋向通过定位模型筛选出来的 13 000 名顾客进行推销。预计成功的概率（24 00÷13 000=18.5%）是平均命中率的三倍（从图 4—3 知道这个平均概率是 6.2%）。

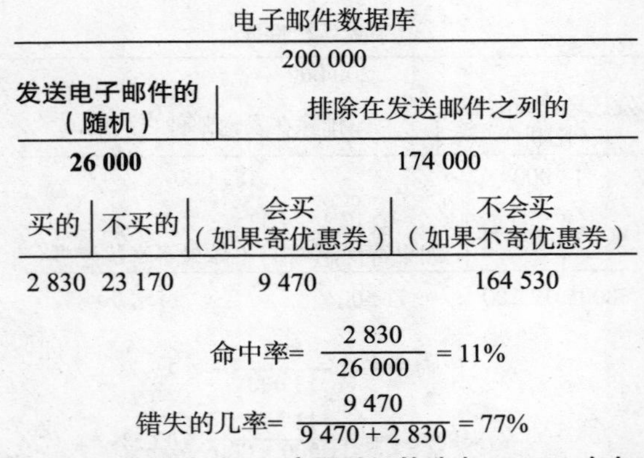

图 4—5　定位方法 3：高朋随机筛选出 26 000 个名字

在图 4—5 所示的第三种定位方法中，高朋向 26 000 名经由定位模型选出的客户进行促销。增加了目标的数量因而卖出的优惠券的数量也增加了（从 2 400 张增加到 2 830 张），不过，跟图 4—4 相比，命中率却减少了（2 830÷26 000=10.9%），这是由于受到收益递减法则的影响。

派送更多邮件的技巧的确是一把双刃剑。尽管出现假阴性错误的次数会减少，但该算法会遭受更多的假警报。在 Seviche 餐厅的例子中，假阳性错误从 10 600 例跃升到 23 170 例。两种错误类型之间的权衡，不只对定位技术提出了挑战，同时也对测谎仪、恐怖预测算法、反兴奋剂检测的设计者提出了挑战。关于这个话题，我在《数据统治世界》一书中有详细的阐述。

利用《数据统治世界》第 4 章的框架，你可以来推断高朋的策略：

优惠券供应商在容忍假阳性错误的同时，也有要减少假阴性错误的动机。错失顾客会直接会影响到公司的收益，而假警报也许会让少量订阅者不胜其烦。

要记住，那些高朋的订阅者是有意让人每天发订阅信息的——就像《纽约时报》的订阅者大卫·波格这些人，他们很享受“眩晕”、“震憾”、“好运”和“专享 / 奢华”等字眼。因此，个人兴趣高于一切，高朋应该积极地扩大优惠券投放的范围。具有讽刺意味的是，这意味着管理者应该少做目标定位，而不是更多！

高朋模式需要更多的新客户

要是高朋优先考虑自己，那么它就会有节制地使用目标定位技术。定位是限定范围的一种行为，是一种获取适合某类订单的订阅者名单的行为。通过分流那些购买意愿比较低的消费者，统计模型在短时期内能够提升回应率。不过，命中率高并不意味着销售量就大。打个比方说，超级算法将效率从 10 000/100 000（10 万封邮件能实现 1 万份订单）提升到

8 000/50 000（5 万份邮件能实现 8 千份订单）。尽管命中率从 10% 提升到 16%，但是高朋却少卖了 2 000 份优惠券。建模人员的胜利却是销售团队的损失。失去机会对高朋公司意味着很高的代价，因为高朋每卖出一张优惠券，就能从商家那里得到该优惠券卖价差不多一半的价值，如此说来，使用定位技术无异于搬起石头砸自己的脚。有些事情必须用来约束高朋公司追求利润的动机，并对本公司质疑定位技术的热情作出解释。

推动力来自那些领会了本书第 3 章“团购经济学”的那些商家。这些人认识到必须在两种类型的优惠券购买者中间找到一种平衡：那些搭便车者会给公司带来损失；而那些生客则会给公司带来利润增量。

商人很看重定位技术，不过，不是对高朋有利的那种。假定你开了一家邻家比萨饼店。彼得是你们店的常客，每周四他接回参加棒球训练的孩子后，就会来光顾你家的生意。而大卫是附近一家健身房的教练，但不知何种原因，自从三年前搬到这里，他从未光顾过你家的店。那么，是彼得还是大卫更有可能通过预付款来购买一张优惠券呢？这样看来，一个能最大限度增加高朋的收入的模型，会直接将优惠券派发给彼得而非大卫。这种结果让你感到很恼火，因为作为店主，你更希望拿优惠券去诱惑大卫来试吃一下，以此开发新客户，而即便没有高朋，彼得和他儿子也会在每个星期四准时光临你的店。

NUMBERSENSE
商家从不同的角度来看待定位模型。不想根据购买优惠券的可能性，来对高朋的订阅者进行分类，零售商想通过算法挑选生客，同时挡住那些搭便车者。

商家从不同的角度来看待定位模型。不想根据购买优惠券的可能性，来对高朋的订阅者进行分类，零售商想通过算法挑选生客，同时挡住那些搭便车者。这些模型应该为高朋的订阅者分配一个等级，用以测量某人成为新客的概率。我们在图 4—6 中将商家的看法跟高朋的看法进行了对比。定位算法所产生的结果不同，这是因为通常搭便车者更有可能购买优惠券。

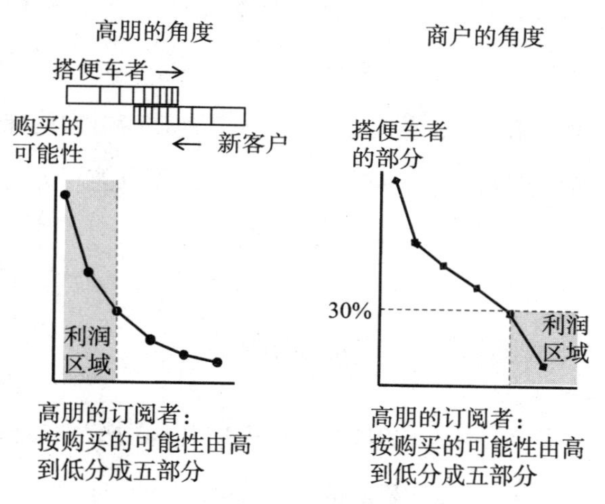

图 4—6　定位技术两个相互冲突的目标

从图 4—6 中，我们可以看出定位技术的两个相互冲突的目标：（a）高朋直接将订单邀约派发给最可能购买的消费者，以此来使收入最大化，不过，这部分人也很可能包含着很大比例的常客；（b）正好相反，商家通过定位生客，来使高朋促销的利润最优化。

对高朋的商家来说，所谓假阳性错误就是指一张优惠券递到了常客那里，而所谓的假阴性错误指的是高朋错失了一个潜在的客户。前者在利润上遭受了损失，而后者则丢失了机会。总之，商家都很担心这两种类型的错误，我们第 3 章讨论过的例子中，最有效的是 70% 的优惠券兑换者是新客人。

之前，我们想弄明白，为什么在奥古斯汀·富先生的邮箱中会有那么多的优惠券没有达到目的。在这有另一种解释：商家宁愿将交易邀约派发给那些对自家的产品或服务不了解的客户，不过，顾客更希望收到那些来自自己所熟悉的商家的信息。就像波格注意到的那样，我们认为大多数相关的优惠券都是为那些我们无论如何都会去购买的东西准备的。高朋试图将我们从熟悉的底盘弄出来，他们越努力这样做，我们就越会觉得他们的定位机器不奏效。定位算法是不可能同时满足两个相反的目标的。

高朋的定位

2011 年 11 月 4 日，高朋公司证明了其首次公开募股的业绩一点儿都不难看，这印证了那位玩世不恭的公司创办人、现年 30 岁的 10 亿富翁安德鲁·梅森在 2011 年 8 月一份员工备忘录中的预言。显然，这个三方共赢的故事，就像打动了菲利克斯·萨尔蒙、大卫·波格以及其他老练的分析员一样，俘获了投资者的芳心。

高朋故事的美妙之处就在于它的简单：谁不喜欢做交易呢？但是要弄明白它的商业模型却很重要，因为这个每日特惠服务从开始营业到第一次公开募股的 36 个月内没有一点儿利润。高科技行业

NUMBERSENSE

数字直觉不能根据表面价值判断数字。数字直觉是一种将此处的数字跟彼处的数字相联系，将可信跟空想区别开来的能力。这就意味着在科学时光跟故事时间两者之间画一条分界线。

我们在这个三方共赢的故事中分析出了一处短板：消费者明显赢了，高朋公司也赢了，但不是所有的商家都会赢。令人意外的是，就算顾客盈门，零售商也可能生意下滑。

的公开募股为我们实践数字直觉提供了一个理想的背景。该企业的创立者及投资者实际上在贩卖一种建立在科学基础上的前景。谷歌公司炫耀自己颇有威望的用于网络搜索的网页排名算法，分享自己捕捉和组织所有信息的梦想。亚马逊是一家刚刚起步的在线书商，承诺会成为世界上最大的零售商。这些商业提案的共同之处是大都带有科幻小说的元素——较短的商业历史，跟有一个精制的支配市场的幻想联系在一起。我们又如何能够断定高朋不会是下一个谷歌，或者下一个“网上杂货店”（Webvan）呢？

数字直觉不能根据表面价值判断数字。数字直觉是一种将此处的数字跟彼处的数字相联系，将可信跟空想区别开来的能力。这就意味着在科学时光跟故事时间两者之间画一条分界线。大凡用一点数量化的思维，我们就会发现大量关于高朋生意的、令人惊讶的深刻见解。

我们在这个三方共赢的故事中分析出了一处短板：消费者明显赢了，高朋公司也赢了，但不是所有的商家都会赢。令人意外的是，就算顾客盈门，零售商也可能生意下滑。我们开始就谈坏消息，而非在最后一行才谈这些：与没有同高朋合作之前的情况相比，顾客越多，所产生的总收入就越低。要是认为每日特惠对零售商来说是一种免费广告的话，那么，这个所谓的“免费”要打引号。在所有的情况下，都是商家拿钱补贴了消费者，并支付给优惠券供应商一部分收入。

定位技术是一种工具，能够增强某家高朋用户的经济情况。不过专家们还不能理解如何才能实现这种效果。就像上面所描述的那样，定位技术并不是那么关心如何将更多相关的优惠券邀约

NUMBERSENSE

高朋的双边市场表现得跟传统生意不一样，即对消费者越有利，对商家的消耗就越多。

派发给订阅者，它通过将优惠券直接送给那些盈利的顾客而起作用。要设法避开那些熟客，将目标锁定在那些第一次光顾的生客身上。高朋的双边市场表现得跟传统生意不一样，即对消费者越有利，对商家的消耗就越多。要是批评家探索过目标定位的数学原理，那么，他们就会了解定位技术很容易出错，那些拥有一流的统计精度的模型仍然会做出大量的错误预测。因此，某一天，我们发现自己的收件箱里塞满了混乱的优惠券信息，那并不是偶然的。要是高朋能够使自己的定位机器聪明起来，那么，商户们就会实现更多低成本高效益的促销活动了。这样做的副作用就是订阅者购买优惠券的数量会减少，高朋获得的收益也就随之减少。然而，那些认识到高朋商业模式的复杂性的投资者，应该接受这个看起来对自己不利的商业定位策略。

成长的阵痛

2011 年 5 月，我读了菲尼克斯·萨尔蒙的那篇《团购经济学》的帖子，作为回应，我写了一篇题为《团购经济学以及反事实思维的力量》的文章。这篇文章为本书第 3 章和第 4 章的写作埋下了伏笔。

六个月以后，这家每日特惠团购公司给投资者和讨厌的评论家留下了难以磨灭的印象。高朋在第一个交易日结束时，每只股票卖出了 26 美元的价钱，比首次公开募股时的价格高出了 30%。

不过，跟谷歌之间的对比仅限于此。谷歌的广告业务以其开创性的网页搜索算法为基础，在 2012 年创造了超过 400 亿美元的收益，而高朋却一路走得跌跌撞撞的。上市一年后不到一周的时间，高朋公司的股票就缩水了 90%，每股跌到了 2.6 美元。

2013 年 3 月，总裁安德鲁·梅森突然离职。在其给投资者做的最后一次收益报告中，他曾提到 2012 年第四季度的收益与 2011 年同期相比增长了 30%。然而，每日特惠这项生意，不管是国内还是国外业务，第三季度到第四季度都减缓了。对任何一家零售公司来说，第四季度在一年中的地位非常重要，是一个承上启下的关键点。

高朋公司的管理者极力鼓吹直接将产品卖给消费者。高朋商品部门在 2012 年第四季度，为公司贡献了 2.25 亿美元的销售额，不过，可怕的是，毛利率只有 3%。这家努力挣扎的零售商已经将触角延伸到亚马逊所控制的领域（亚马逊在过去五年的毛利润超过了 20%）。

与此同时，亚马逊向 Livingsocial 投资 1.75 亿美元来达到初次涉足每日特惠销售这个行当的计划也搁浅了。这家线上零售业的领导者自 2010 年 10 月成立四年来，第一次公布了公司净亏损额。实际上，此时，该公司全面取消了投资。2013 年 2 月，LivingSocial 从现存的投资者中筹集了 1.10 亿美元才得以存活下来。该公司的总裁承认“这确实是一次估值较低的融资”[①]。现在，这家第二大的每日特惠销售公司的市场估值为 15 亿美元。而差不多两年前，最重要的技术博客 TechCrunch 抢先报道了 LivingSocial 的市值为 29 亿美元。

① 估值较低的融资（down round），是指投资者在一轮融资中购买同一家公司股票的价格低于对上一次融资投资者所支付的价格的情况。——译者注

NUMBER SENSE

第5章 营销人员为何给你发混合型的推销信息

> 仅在美国一个国家，他们每个月密切关注的网上用户就超过1亿。不过，在整个大数据生态系统中，这些数据交易仅仅是冰山一角。“大数据”在2010年开始资本化，这宣告了高技术世界继社交媒体、宽带以及网页搜索等浪潮之后，“下一个浪潮”的到来。大数据分析师从追踪你过去所购商品入手，对你的事情，他们了解的远不止这些，要比你想象的多得多。无论你喜欢与否，这些技术公司已经将数字摄像头对准了我们每个人。

以“红靶心”标志闻名的全美第四大零售商塔吉特百货（Target），2012年因为使用了一个引人注目的——对别人来说，可能是骇人听闻的——客户定位程序而登上了《纽约时报》的新闻头条。一位名叫查尔斯·杜希格（Charles Duhigg）的记者，描述了这个用于预测某位女顾客是否处于妊娠期最初三个月的统计模型的工作方式：

我们为塔吉特百货虚拟了一位女顾客，23岁，名字叫珍妮·沃德（Jenny Ward），住在亚特兰大。她在三月份买了一瓶可可脂乳液，买了一个尺寸大到可以用来放尿布的女包，还买了锌和镁营养剂以及一块亮蓝色的小毯子。也就是说，这个女人有87%的可能性是怀孕了，并且预产期在8月底……塔吉特百货的营销人员知道，如果她通过邮件收到一张优惠券，那么很可能提醒她去网购。他们知道，如果她星期五从邮件中看到一则广告，那么，她通常会利用周末旅行的时间去趟商店。他们还知道如果奖励她一张打印的兑换券，她可以凭此兑换券在星巴克免费换取一杯咖啡，那么，她之后还会用优惠券。

市场营销人员已经将怀孕看做是女人一生中能改变购物习惯的、为数不多的事件之一。要是塔吉特百货想抄捷径打败其他零售商，就必须抢占先机，在这位妇女生产之前从竞争对手那里抢占到一些销售份额。因为一旦该妇女的生育记录公开，就会有接二连三的广告信息对她进行狂轰乱炸。要是等到那个时候再行动，黄花菜都凉了。据杜希格的线人说，塔吉特百货自从有效展开了对经预测已怀孕的妇女的营销以来，该公司婴儿用品的销量有了大幅飙升。

> **NUMBERSENSE**
>
> 美国《连线》杂志（*Wired*）前主编克里斯·安德森（Chris Anderson）曾证明说：当数据足够充分，每个细节都被揭露出来时，就没有什么需要解释的了，从而理论也就过时了。

这种类型的预测技术得益于大数据——建立一个庞大的数据库，该数据库记录了客户跟商家之间的每一次琐碎的互动。美国《连线》杂志（*Wired*）前主编克里斯·安德森（Chris Anderson）曾证明说：当数据足够充分，每个细节都被揭露出来时，就没有什么需要解释的了，从而理论也就过时了。我们正在进入这样一个世界吗？这个世界跟听起来一样可怕吗？越来越多的公司投资定位装置，我们势必会知道他们在做什么以及他们是怎么做的。塔吉特所做预测的准确性又如何呢？有一些信息技术让记者们不知所措，客户定位技术的实践也是如此：内容真的能证明天花乱坠的广告有道理吗？

超特大号（XXL）提包是如何泄露你的秘密的

在互联网到来之前，直销商几十年以来一直在使用定位模型。在银行业中，像花旗银行、第一资本（Capital One，美国五大信用卡公司之一）以及美国运通等，以定位模型为基础，向客户派发预先批准的信用卡申请——不是每个人的邮箱里都塞满了他们不请自来的邮件，也许你就是这么想的。邮递订购业务会根据预测出的客户类型而不断变化所要投递的目录册的尺寸跟内容。例如，美国家居装饰品零售商威廉姆斯 - 索诺玛（Williams—Sonoma），精心挑选出了一些用户，给他们邮递轻便的商品目录，从而节省下了 20% 的邮递费。最近这段时间，像美国最大的在线 DVD 租赁商——奈飞公司与美国最大网络电子商务公司亚马逊这些在线经销商正尝试着为顾客个性化地推荐电影和书籍。谷歌公司分析潜在客户往来邮件的内容，试图让更多相关广告接近他们。像 Harrah's 这样的拉斯维加斯赌场运营商会根据客户的消费习惯，从中选出一些客户给予特殊奖励。而顾客的消费习惯完全可以通过跟踪其所用的会员卡而获得。

> **NUMBERSENSE**
>
> 在互联网到来之前，直销商几十年以来一直在使用定位模型。

塔吉特百货想抓住新妈妈这个重要的消费群以扩大销售量。为了实现这个目标，大数据分析家团队投入到了工作中。他们创造了一个预测模型，给每位购物者指派一个“怀孕等级”，以这个数字来解释她肚子里怀着宝宝的概率。这个评价公式需要在 25 种精心组织的商品中考虑该妇女近来买了多少种。图 5—1 说的就是准妈妈珍妮·沃德的例子。大型零售商塔吉特百货利用顾客之前所购买的产品来预测其后的购买意愿：该预测模型将产生一个“分数”，用以评估该顾客怀孕的概率。建模人员发现孕妇通常会在生产以前买好这些东西。

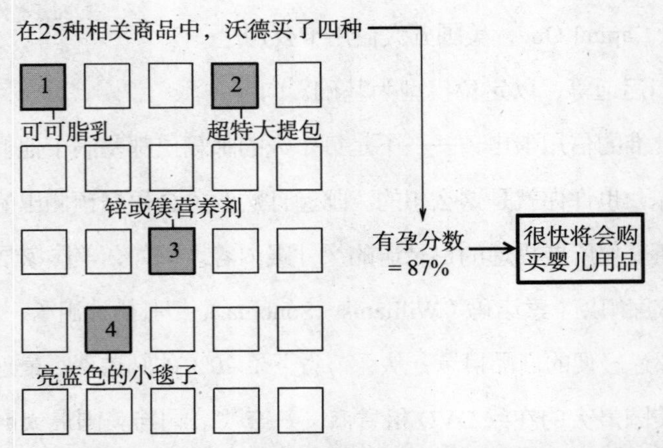

图 5—1　塔吉特百货利用顾客之前所购买的产品来预测其后的购买意愿

有种比较普遍的定位方法叫做购物篮分析（Market Basket Analysis）。想象一下，每次你走出塔吉特商场，他们都会快速地拍下你的购物篮；随即将这些照片储存起来，整理成手册。塔吉特商场能够回放你在他们店所购商品的先后顺序，然后仔细查看了上千名顾客的活动图像，于是建模人员从中发现了循环模式：例如，很多购买过超特大号提包的顾客，最终也会购买婴儿床。

在计算基础设施上适度投资，任何零售商都可以给自己家的顾客建立个侧影。大数据分析师从追踪你过去所购商品入手，去了解你。对你的事情，他们了解的远不止这些，要比你想象的多得多：

> **NUMBERSENSE**
>
> 大数据分析师从追踪你过去所购商品入手，去了解你。对你的事情，他们了解的远不止这些，要比你想象的多得多。

- 你成为他家的顾客多久了？
- 你总共花了多少钱？
- 最近你花了多少钱？
- 账单平均金额是多少？
- 你的支出呈上升还是下降趋势？
- 距你上次购物多长时间了？
- 你所购买商品的范围有多大？
- 你买现货还是定制的商品？
- 你是否会尽早采用新产品？
- 你用过多少次电话请求服务？
- 你读营销电邮吗？
- 你使用优惠券吗？
- 你对价格敏感吗？
- 你的满意度如何？

这个清单可以继续列下去。现在，你可能被杜希格引人入胜的叙述所吸引，从而忽略这样一个细节：上面所说的“购物篮分析”不能作出预测！为了证明这 25 种商品跟婴儿用品之间的关联，数据分析人员制作了大量的手册。不过，对任何一个符合该购物模式的妇女来说，要赢得她的生意已经太晚了。该分析的真实目的是定义顾客的兴趣群：珍妮·沃德跟某位来自这些兴趣群的人，除了婴儿用品还没出现在她的购物清单以外，其他方面都“很相像”。一个预测也就因此产生了。你会回想起本书第 4 章中我们谈过的米兰达·普里斯特利是怎样为泰勒设计时尚锦囊的。相似法则是所有预测模型的基础。

建立在顾客以往交易基础上的类众分析研究模型（Lookalikes Modeling）非常有效，不过这里存在一个陷阱。除非你经常在塔吉特百货购物，否则他们对你的购物习惯仅仅掌握了有限的直接数据。要是你一年中只来买几次东西，那你就不太可能将这 25 种用来进行怀孕预测的相关商品买全，那么实际上也就不太可能猜测你是否怀孕。珍妮·沃德能有几个呢？我们在谈论的是一个很多个周末都在塔吉特百货购物，所买的商品种类很多，在塔吉特百货的网上商店兑换优惠券，阅读推销的电邮，喜欢星巴克提供的奖品。沃德很可能在怀孕前就是塔吉特百货最好的顾客之一。不过，请考虑以下事实：定位模型真的不该将目标锁定在珍妮·沃德这些人身上，因为无论如何，他们很快就会光顾塔吉特百货。不常来或者第一次来的顾客则给营销带来了最忠诚的挑战，不过，对这些人的相关信息却又知之甚少。

打个比方说，亚马逊希望你从他们那儿购买《对“伪大数据”说不》这本书，可你却喜欢去自己最爱的独立经营的书店买书以充实你的书架。通过挖掘客户的数据，亚马逊了解到那些前六个月读过《随机致富的傻瓜》（*Fooled by Randomness*）与《魔鬼经济学》（*Freakonomics*）这两本书的人更有可能会去买《对“伪大数据”说不》这本书。你或许就属于这部分顾客，但亚马逊却对此一无所知，因为你是从独立经营的书店挑选相关书籍的。那么这家在线零售业的巨头又该如何定位你呢？

定位机器开通了另一条路径来了解《对“伪大数据”说不》这部书的潜在读者的购物习惯，希望发现他们之间的共同特质：

- 他们是否来自某个特别的年龄组？
- 他们是否集中住在全国的某个地区？
- 他们是男性还是女性？
- 他们订阅了什么杂志？
- 他们是否大量使用互联网？
- 他们多久用手机订购一次商品？

最终，几种类型的顾客的轮廓就作为目标显现了出来。购买本书的人，可能具有下面的背景：受过大学教育，年龄超过 40 岁，从事管理方面的工作，住在位居前 25 的大都会区。要是亚马逊将你放在这个组里面，那么下次你浏览他们的店铺时，他们就会向你推荐这本书。如果你意识到大多数商家对你的了解实质上不足以进行真正的个性化销售，那么你就会发现“一对一”营销这个概念被严重地夸大了。

NUMBERSENSE

如果你意识到大多数商人对你的了解实质上不足以进行真正的个性化销售，那么你就会发现“一对一”营销这个概念被严重地夸大了。

商家都了解你的什么

亚马逊这样的销售商有两种方法来猜测你下一步会买什么。假如你是忠实的顾客，他们就会翻阅你之前的购物小票来寻找线索。否则，他们就把你跟一些情况与你类似的常客捆绑在一起。这种联系是用“代用数据”（proxy data）的方式实现的，所谓的“代用数据”指的是年龄、收入、所订阅的杂志以及拥有的宠物等。

了解你购物习惯的最直接方式是通过会员卡。实际上，零售商是用折扣、赠品以及其他商品，换取了你的个人信息。当亚马逊通过大通银行（Chase Bank）发行一张信用卡，顾客用此卡在亚马逊每花一美元就能得到三个点，如用此卡支付其他消费也能得到一个点。这三个点数的奖励会激励你将大部分的支出用亚马逊的卡来支付，这就保证了亚马逊畅通无阻地了解你的消费模式。

对那些不常光顾的客户，零售商就必须得依靠“代用数据”了。他们的数据库大得惊人。美国咨询（InfoUSA）、益博睿（Experian）、艾司隆（Epsilon）这些公司拥有极大的数据库，这些数据库涵盖了全美居民 75% 的数据。他们做的就是收集和贩卖数据的生意。他们所贩卖的数据有：

- 人口统计学数据，比如：性别、年龄、种族、教育以及收入等信息；
- 住宅区的数据，包括你的邻居中拥有自住房的人所占的比例，或者说你的邻居中每天通勤超过 60 分钟的比例等；
- 消费数据，比如在冰激凌上花了多少钱，或者你通过家庭购物频道花了多少钱；
- 生活方式的数据，包括你什么时候搬的家以及你什么时候结的婚。

近些年，跟在线或使用手机相关的数据常被编辑出来并被出售，像在线数据管理公司 BlueKai 与科技广告公司 eXelate 这些新创企业做的就是这类生意。

NUMBERSENSE

他们运营的规模极其大：仅仅在美国一个国家，他们每个月密切关注的网上用户就超过 1 亿。不过，在整个大数据生态系统中，这些数据交易仅仅是冰山一角。“大数据”在 2010 年开始资本化，这宣告了高技术世界继社交媒体、宽带以及网页搜索等浪潮之后，“下一个浪潮”的到来。

他们运营的规模极其大：仅仅在美国一个国家，他们每个月密切关注的网上用户就超过 1 亿。不过，在整个大数据生态系统中，这些数据交易仅仅是冰山一角。“大数据”在 2010 年开始资本化，这宣告了高技术世界继社交媒体、宽带以及网页搜索等浪潮之后，“下一个浪潮”的到来。硅谷的又一家传奇加速合伙公司（Accel Partners），启动了 1 亿美元的风投基金致力于支持大数据新创公司。Facebook 于 2012 年初最终向社会公布其 IPO 上市计划。大数据分析人员认为其多达 1 000 亿美元的虚增价值是从个人数据中获利的。据推测，这家首屈一指的社交网络服务商，是通过定位模型能够被利用的 Proxy 代理服务器最大的资源库。

虽然 Facebook、LinkedIn、Twitter 以及其他类似服务的使用者都是自愿公开自己的个人信息，不过，仍有一些大数据公司在秘密地收集个人信息。一连串有争议的案件使得这些勾当浮出了水面，为公众所知晓。2011 年 12 月，一位名叫特雷弗·艾克哈特（Trevor Eckhart）的软件工程师演示了一款由 Carrier IQ 所生产的、被嵌入大部分智能手机里的软件，是如何在未经准许的情况下将用户的数据，包括一些个人的文本信息发送回服务器的。没过几个月，另一位程序员阿伦·泰姆皮（Arun Tampi）

在研究一款新生的 Facebook 替代软件 Path 时，发现该软件会秘密上传苹果手机用户的通讯录。通过进一步的检测，大量应用软件的开发者都承认干了同样的事情。这样做显然违反了苹果公司制定的用户指南，即苹果软件应用指南，软件开发者无论做什么动作都要事先征得用户的许可。

NUMBERSENSE

不管你喜欢与否，这些技术公司已经将数字摄像头对准了我们每个人。

不管你喜欢与否，这些技术公司已经将数字摄像头对准了我们每个人。我们受到了警告，2009 年，时任谷歌总裁埃里克·施密特（Eric Schmidt）用开玩笑的口吻说：“如果你有什么不想让别人知道的，也许你一开始就不该去做。”这个评论来自于一名车队队长，这些车队在全国穿梭，为谷歌地图的街景服务拍照取材。不过当局调查这些流动车辆时，他们发现的不仅仅是图片，电子邮件、密码、搜索历史记录以及其他一些数据也被从以太（ether）网络里抽了出来。

2008 年，《连线》杂志前主编、《长尾》（*the Long Tail*）的作者克里斯·安德森，在对大数据进行狂热的宣传前很多年，就做出了一个大胆的预测。他写了一篇题为《理论的终结》（*The End of Theory*）的文章，在该文章中，安德森断言，数据将变得极为丰富，届时任何人、任何东西都将被全面细化，真实情况将以任何水平的精度壮观地呈现出来，到那时，就再也不需要创造那种使现实失真的模型了。用安德森自己的话说，就是：

NUMBERSENSE

数据将变得极为丰富，届时任何人、任何东西都将被全面细化，真实情况将以任何水平的精度壮观地呈现出来，到那时，就再也不需要创造那种使现实失真的模型了。

在这个世界中，海量的数据及大量应用数学

方法将取代其他工具。关于人类行为的各种理论，从语言学到社会学，都将统统被赶出去。忘掉分类学、本体论和心理学吧。谁知道他们为什么要做这些呢？关键在于他们在做，而我们可以跟踪并以前所未有的保真度来测量它。只要拥有足够的数据，数字自己就可以为自己说话了。

如果仅仅是因为当大众媒体关注信息技术时，大众媒体有能力在民众中间掀起盲目崇拜的话，那么，这样一种具有挑战性的愿景就很值得我们去剖析。建立在相关基础上的统计模型，能做到多大的精度呢？数据的量能在多大程度上影响“保真度”呢？

传递混合信息的科学性

查尔斯·杜希格（Charles Duhigg）对定位模型的歌颂迎来了一个非凡的时刻：有个女孩怀孕了，在她告知父母之前，塔吉特百货的营销人员就将这个消息告诉了那位显然对此事毫不知情的父亲！本来是一起对某个无知少女进行不良定位的案例，后来这个年轻女孩的故事竟然成了应用统计学的一个传奇。然而，对这种基于相关度的模型，我们又能信任几分呢？

打个比方说，不管任何时候塔吉特百货花名册上的顾客都会有10%的妇女有孕在身。定位算法会把20%的女性购物者标记为（可能的）孕妇，要是该模型能达到米兰达·普里斯特利的水准，那么这20%的孕妇中大约有6个能被准确预测出来。也就是说，预测为怀孕的女性顾客中有30%的人，后来证明果真怀孕了。按这个测量精度（技术上叫做“真阳值”，诊断试验结果呈现阳性且确实有病者的比率）来衡量，这个模型的表现会令人失望。然而，统计学家将其评为一流的模型，30%是总体怀孕率的三倍多：通过算法挑出的顾客，其怀孕率是一般女性购物者怀孕率的三倍多。这是专家们借以量化模型价值的“手段”。不过，这个给人留下深刻印象的模型尚且有40%（4/10）的怀孕妇女未被识别出来，与此同时，14%的女性顾客（20%—6%），要是她们留意一下塔吉特的营销广告信息的话，心里一定会想这家零售业巨头啥时候变成婴儿反斗城（Babies R US）了。图5—2解释了上面所提到的各种比率是如何计算的。

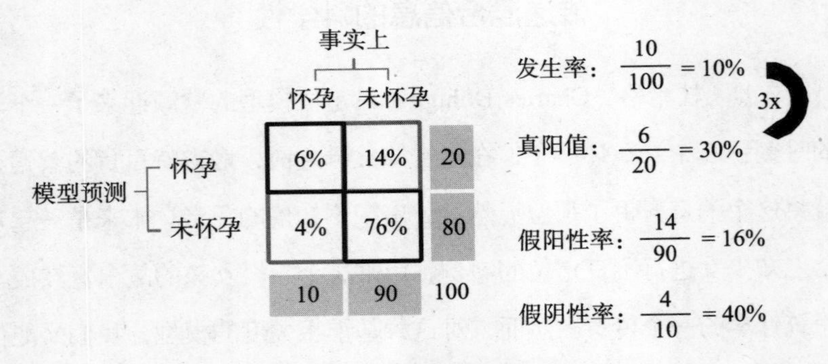

图5—2　对一个预测模型评价

说明：在每100个女性购物者中，通常有10个怀孕的。为了要找到那10个人，模型要挑选出20个最可能怀孕的人。根本目标就是要用尽可能少的目标名单找到这10个目标。

杜希格提出了令人困惑的问题：假如定位技术能够可靠地将怀孕的女人识别出来，甚至在某些案例中，能够赶在孩子的父母发现之前，那么，塔吉特百货为何会在发出的邮件中掺杂着一些随机挑选的无关产品，以致于削弱了自己的信息呢？为何羞于展示这样一个有力的工具呢？杜希格认为这种含糊行为抵消了塔吉特百货模型的令人悚然的精确性。塔吉特百货公司一位未透露姓名的总经理，详细地阐述道：

我们在尿布旁边贴上一张卖割草机的广告。在婴儿衣物旁边放一张卖葡萄酒杯的优惠券……怀孕的妇女只要一发觉被人监视了，就可以拿这些优惠券来用。

但是，现在问一下自己哪种情况更让人尴尬？是将充斥着婴儿用品的手册，寄给一个不希望塔吉特百货公司知道即将到来的幸福时刻的孕妇呢？还是将同样的小册子寄给根本没有怀孕的顾客呢？第二种情况会让人感觉更糟糕。我们从上面的分析得知，那些收到手册的妇女中有 70% 实际上并未怀孕！难道将那些随机选出的商品混在里面，就是为了掩盖定位模型存在太多失败吗？

大数据是救世主吗

从统计学角度来说，最好的预测模型是难能可贵的。尽管如此，大部分被锁定的顾客都是假阳性的。其实，它自己就能预测出来这个不幸的结果：因为对企业管理层来说，他们宁愿忍受被无关的营销而激怒的顾客的严厉斥责，也不愿意漏掉任何生意机会。大数据的出现就一定能挽救大局吗？

让我们来探究一下你是如何决定要购买《对“伪大数据”说不》这

本书的。也许你看到这本书在书店的橱窗里展出过，书的封面设计引起了你的兴趣；也许你一直很喜欢我以前写的关于统计思想的书；也许那天正好是你生日，你想给自己一点小小的犒劳；也许你习惯在每个月的第一天，从当地书店买本新书回去；也许那天同事为本书做了精彩的点评，引起了你的兴趣；也许你很少读商业书籍，你买下这本书只是一时的兴趣；也许你是我博客的一位忠实读者；也许你的爱人是教数学的。好奇，喜悦，友谊，同辈的压力，爱好，轻信，易冲动，一时兴起的念头……这些都是促使你买这本书的理由，听起来也不无道理。

现在，问问自己下面是否有促使你买这本书的理由：

- 你已经人到中年；
- 你拥有大学学位；
- 你在从事管理工作；
- 你住在城里。

你是否发现了这些不可能是你购买《对“伪大数据”说不》这本书的真实原因？统计数字也许会显示大多数购买者是城市居民，但是没有一个人是因为偏爱城市生活才来买这本书的。只需要运用一点儿反事实思维就能拨开迷雾：假设有人在郊区养活他的家庭，他或者她十有八九仍旧会买这本书。然而，标准定位模型吞掉了诸如年龄、教育、职业以及地理等数据。塔吉特百货的算法利用了顾客以往的购物模式，那也仅仅是未来购买意愿的指示器而非动因。很明显，一些不易捉摸的量更直接地影响着人的行为：信任，同辈的影响，习惯性，等等。

> **NUMBERSENSE**
>
> 不幸的是，即便购买的真实动机完全能够测量，那也无法进行简单的测量。在社会科学领域，统计模型依赖于“相关性”，而非我们行为的原因。
>
> 统计模型有瑕疵是允许的，只要该模型能够对这个神秘的世界提供一种额外的见解。

不幸的是，即便购买的真实动机完全能够测量，那也无法进行简单的测量。在社会科学领域，统计模型依赖于“相关性”，而非我们行为的原因。这些现实模型必然也抓不到真正的事实。这就解释了为何假阳性和假阴性如此之多了。

统计模型跟牛顿的重力模型完全不同。在牛顿的重力模型中，方向朝下的力量使苹果可能在昨天、今天或者明天从树上掉下来。然而，真实生活中的相关远非如此。假如你今天带了一把绿伞，没人能肯定你买的下一把伞也是绿色的。一个忽视因果关系的模型，在物理科学中是不被认可的。这是一个结构性的限制——数量再多，即便是大数据，也无能为力。

正好相反，丰富的数据往往会唤起大家对“相关”的信任，那却是不恰当的，也是错误的。经济学家纳西姆·塔雷伯（Nassim Taleb）在他所著的畅销书《黑天鹅》（*The Black Swan*）一书中，提醒读者不管你曾经见过多少只白天鹅，也不能排除黑天鹅存在的可能性。大数据斗不过黑天鹅。

统计学家费了很多力气来在社会科学模型中建构更真实的因果结构。这些更高级的结构往往是仿照图 5—3 所演示的做法。其构思是要求算法来做人类所不能做的——分解出如时尚和冲动之类的真实动因。我们之所以将这些成分称之为潜在因素，是因为这些因素不能够被直接观察到。老实说，建模人员可能并不清楚正在测量的潜在因素到底是什么，因此，他要做个假说或者解释，不过两个都无法进行验证。他甚至打算将这些潜在因素搁置一边不予解释。不过，这个把戏显然不能解决结构性问题，但是，正像我在《数据统治世界》中所讨论的那样，统计模型有瑕疵是允许的，只要该模型能够对这个神秘的世界提供一种额外的见解。

我们有很好的理由相信这种因果结构无论如何都是不稳定的。最近几十年，行为主义心理学利用设计巧妙的实验，发现我们的判断很容易受到启动效应（priming effects）的影响。在这样一个由管理学教授钟晨波（Chen—Bo Zhong）和凯蒂·利连奎斯特（Katie Liljenquist）所设计的方案中，实验对象被要求抄写一个故事。一组所抄写的故事是关于暗中陷害同事的，而另一组抄写的则是关于帮助同事的。抄完后，所有的参加者都要填写一个调查问卷，对一组家庭用品进行满意度评分。

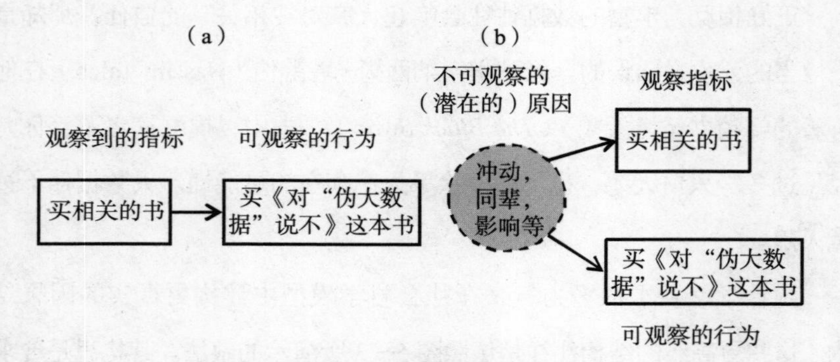

图 5—3　消费者行为建模中的潜在因素

在图 5—3 中，消费者行为建模中的潜在因素有：（a）一个分析过去行为的简单模型由于没有抓住行为的真实原因而受到限制；（b）在一个更有抱负的结构模型中，过去的购买行为之类的观察指标被用来估计潜在因素——如对知识的渴望、同辈的影响、冲动性以及对营销的轻信，假定这些因素会更直接地影响当前的购买意愿。即便它们反映了建模者的一种因果信念，潜在的因素也是不可测量的。

既然乏味的抄写工作跟购物无关，那么，两组被试有望对各类产品表达类似的看法。调查结果让人吃惊不小！两组实验对象的确对一小部分产品给出了类似的评分，比如“报事贴”和“劲量电池”。而对专门的清洁用品，比如佳洁士牙刷和汰渍除垢剂，那些抄写陷害同事故事的人比那些抄写帮助同事故事的人对这些产品显然更满意。在这个实验中，后来问及这些人，几乎所有人都否认自己可能受到启动活动的影响。因此，看来是研究人员通过一个不相干的活动促使被试想要清洁用品的行为。

普林斯顿大学教授、行为心理学领域的思想领袖丹尼尔·卡尼曼（Daniel Kahneman）在他的杰作《思考，快与慢》[（*Thinking, Fast and Slow*，卡尼曼最具创造力的合作者是已故的阿莫斯·特沃斯基（Amos Tversky）] 中记载了这个关于启动效应的突破性研究，以及其他影响决策的意外偏见。仔细思考一下“启动”的言外之意。很多东西都能使人类行为预先产生倾向性。多种启动因素也许会同时起作用。这种行为也许仅仅持续一段未知的时间，甚至在这种影响已经被证实之后，人们也不会相信自己已受到了影响。来自各类实验的结果会威胁到我们对某种稳定的、合乎逻辑的、用以对决策做出解释的因果结构的搜寻。解释的缺失则要求统计学家对相关性进行建模，不过，这种行动固有地容易犯错，而且不能通过注入数据来进行矫正。

克里斯·安德森住在加利福尼亚，他的观点也许是在跟从事高科技行业的人交谈时形成的。在他们那个领域，模型错误所带来的后果比较轻。即使谷歌的网页评级算法没找到跟你的搜索最相关的网页，公司也不会受到真正的损失——这个你注意到了吗？要是奈飞推荐的电影非常差劲，那你就直接忽略掉就好了。虽然高朋用大量无关的推销广告轰炸数字营销人员奥古斯汀·富，不过对于这些免费得来的东西，他也没打算抱怨。安德森于2008年断言："只要有足够的数据，数字就会自己说话。"不过，未曾言明的是由这些相关模型所作出的大部分预测都是错误的。这个跟是否聪明或者是否缺乏技巧无关。要将千变万化的人类行为提炼归纳进一套公式里面，几乎是不可能的。这就是大数据不可能宣告理论终结的原因所在。任何统计模型都包括一些假设的理论，这个话题我们将在后面的两章中深入分析。

NUMBER SENSE

How to Use Big Data to Your Advantage

| 第三部分 |

关于经济大数据的解读

NUMBER SENSE

第6章
要是没人能够申请，这还算新工作吗

> 数字直觉应该从审视数据开始。不过，在挖掘到数据是如何被修正的这些折磨人的细节之前，最好不要去碰这些数据。原始的、未经修改的数据几乎得不到任何答案，因此推翻所谓的“原始的、未经调整与篡改”这种观念的神话吧。

2010 年 2 月 2 日是土拨鼠日（Groundhog Day）。人们从四面八方赶来围观预测仪式，迎接这种毛绒绒的松鼠。要是它从洞里爬出来，那年的春天就会来得早些。没想到至少有 20 个的预言家：其中 13 个预言这年的冬天比较短。在这些预言家里面，最有名的一位是宾夕法尼亚的土拨鼠菲尔，它在比尔·默里（Bill Murray）电影中出现过，是 7 个反对者之一。

也许是宾夕法尼亚就该受人注目，10 天后，也就是 2 月 13 日，怪事儿发生了：美国除了夏威夷以外，其他州普降大雪。显然冬天并未离去。美国的东北走廊连续两个周末都遭受了严重的暴风雪袭击，第一次是 2 月 5 日 ~6 日，第二次从 2 月 10 日 ~13 日。华盛顿数十万人得不到电力供应，博物馆、纪念碑和白宫都闭门谢客，美国的邮政服务三十年来第一次停运邮件，上千个航班被取消。第一场暴风雪给局部区域造成的积雪厚达 2~3 英尺，第二场暴风雪又增加了 1~2 英尺，人们给这两场雪起了诨名“雪魔”。伴随“雪魔”而至的是，美国的南部腹地也遭遇了一场罕见的暴风雪，给路易斯安那州带去了 6 英寸的大雪，佛罗里达州也未能幸免。达拉斯、田纳西州，一天之内降雪 11.2 英寸，这可是历史上的第一次。

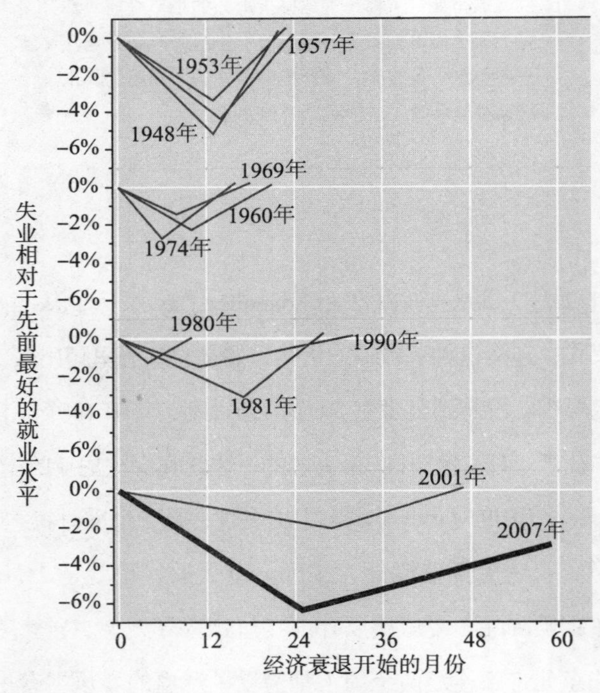

图 6—1　令人恐怖的就业图

在图 6—1 所展示的是令人恐怖的就业图：它显示了二战后每次大萧条所导致的就业衰退，以及最终完全恢复的过程。为了简便起见，我用两条直线来表示上升和下降。

（来源：改编自“预测风险”博客）

2010 年 2 月，美国一共遭遇了三场巨型的暴风雪，上面提到的是其中的两场。第三场发生在 2 月 25 号，人们称之为“飓雪”。截止到那个月月底，总的降雪量已经达到了历史上的最高记录：马里兰州的巴尔的摩（49.1 英寸），华盛顿（46.1 英寸），纽约的中央公园（36.9 英寸），纽约的拉瓜地尔（29.1 英寸），宾西法尼亚州的匹兹堡（48.7 英寸），还有其他地方。最终，新一季的记录，由下列城市改写：华盛顿、马里兰州的巴尔的摩、宾夕法尼亚州的费城、特拉华州威尔明顿以及新泽西的亚特兰大城。

“飓雪”发生后的星期五，美国劳工部（Labor Department）计划发布该月的《就业情况报告》(*Employment Situation Report*)。曾在亚特兰大美联储分行工作了 19 年的经济学家马克·罗杰斯（Mark Rogers）将该文件称为“世界上跟经济最贴近的报告”。该报告统计的是就业或失业以及失业率，这是世界上最重要的两大经济指标。2007 年 12 月，经济大衰退席卷美国时，它也就成了比以往任何时候都令人恐怖的统计数据。此后，超过 800 万个工作岗位从人间蒸发了。这场人间悲剧所带来的影响程度在图 6—1 中有着深刻的体现。当红博客《商业内幕》（*Business Insider*）将之称为“历史上最恐怖的就业统计图”。假如你是个决策者，这样一份表定会让你彻夜难眠。上一次经济衰退，也就是 2001 年，就业市场用了将近四年的时间才摇摇晃晃地恢复到大萧条之前的状态。倘若经济从 2012 年开始贫血式复苏，经济学家迪恩·贝克(Dean Baker）估计，美国的就业情况在 2028 年以前都不会完全康复！完全康复所需要的不仅仅是补上那些消失了的工作岗位，随着美国人口的增长，不仅要维持同样的就业率，还需要更多的工作岗位。情况就跟试图要拉起正在下行的扶梯一样。

找借口

2010 年年初，连续失业 24 个月之后，每个人都显得身心俱疲，不知道自己所期待的转折点何时才能到来。经济预测者也被当前不可预测的经济形势搞得局促不安。距离成为新闻焦点的、美联储主席本·伯南克接受《60 分钟》的一次专访，已经过去 10 个多月了。在那期节目中，他提到了“复苏迹象”这个词。对很多劳动者来说，春天是一位时时刻刻盘算着迈进新年的朋友。糟糕的是，2 月的暴风雪看起来又将希望推迟了一个月。

美国总统奥巴马的首席经济顾问劳伦斯·萨默斯（Larry Summers），用他无可挑剔的专业资历，清楚地证实了每个人最担心的事情。他在接受 CNBC（美国全国广播公司财经频道）《快速赚钱》（*Fast Money*）节目的采访时，告诉主持人说，人们应该彻底忘掉这个“很快将被更新”的就业数据，原因是“这场暴风雪很可能会给数据造成扭曲。”萨默斯甚至给出了以下提示：“在最近的暴风雪中，”他告诉电视观众们，“那些统计数据已经被 10 万 ~20 万工作岗位给扭曲了。”

萨默斯的警告让老练的金融专栏作家约翰·克鲁德尔（John Crudele）忍无可忍。克鲁德尔在 3 月 4 日，也就是劳工部发布劳动报告的前一天，提醒他在《纽约邮报》（*New York Post*）的读者：“等着看关于就业报告吧，不知白宫这次又要编什么瞎话了。”他用讽刺的口吻称赞说这是一个绝妙的举措，尽管这个举措是行政部门作出的，而站在管理的视角来看，这绝对是大师级的手腕。预披露的和未披露的信息老是变来变去的，行业预测者对萨默斯的暗示所作出的反应，就像金属碰到了磁铁，一拍即合。他们把对失业人数的预期从 2 万大幅度提高到 6.8 万。作为一名了解政府管理内幕的知情人，萨默斯也许仅仅是看到了最初的数据。当数字变成 3.6 万时，萨默斯的推论明显漏掉了原先的估计，尽管市场观察者没有对此作出相关的修正，但还是对此作出了积极的反应。

克鲁德尔很肯定萨默斯是错的。二月的暴风雪不会以任何有意义的方式影响到就业情况。在任何有意义的方式上，他的论点不仅仅建立在怀疑他人的动机上。他写过数十篇关于就业数据的专栏文章，因此他很清楚对一名《纽约邮报》的作者来说，需要用细节打动读者，也很清楚美国劳工统计局是如何统计就业数据的。数字直觉其中的一个要素就是要研究原始数据，这里，我们有一个很好的例证。

每个月的就业情况报告，附带着一个叫做“技术说明”的部分。在该部分中，劳工部描述了两个用以测量联邦劳动人口健康情况的调查问卷：

- 工资册调查问卷，实际名称叫做当前就业统计（Current Employment Statistics ,CES）。它要从 150 000 个企业及政府部分收集数据；
- 家庭调查，或者叫做人口调查（Current Population Survey）。这份调查访问有代表性的 60 000 个家庭，足以代表全国的情况。

理论上，二月份的暴风雪可能以两种方式搞坏调查结果：有些人由于天气原因不能去工作，或者有些雇主不能及时返还这些问卷。

这场大雪无疑会致使有些人旷工。你可能会想，既然这样，那么工作的数量应该受到影响。不过，要这样想的话，你就错了。就像克鲁德尔所解释的，这依赖于计算所依据的法则。工资册问卷统计每一份工作——某人凭借这份工作在工资支付周期内得到工资——这个支付周期,包括本月的第十二天。2010 年的 2 月 12 号是星期五（参见图 6—2）。由于大多数的工资支票都是每两个月、每周或者每个月签发一次，因此，工资册问卷的调查时间可以安排在 2 月 1 日~12 日，或者是 2 月 8 日~12 日,还可以是 2 月 1 日 ~26 日。雇主被要求统计每一位在参照周（reference week）期间领到 1 个小时及以上工资的雇员人数。由于几乎没人很多天不去上班，所以，这些暂时的旷工基本是不会歪曲统计数据的。

与此同时，家庭调查要求统计每一位在日历周至少工作一小时的人，工作时间要包括本月的第十二天,也就是说要包括 2 月 8 日 ~12 日这几天。不过,劳工统计局（BLS）并不要求工人必须上班,才将他们算作“受雇”。他们保留了“有工作，但未去上班”这样一个分类，这就将那些因天气原因而未能去上班的人包括了进来。在图 6—2 中，2010 年 2 月 12 日是个星期五。要是你的雇主每个月付你两次工资，那么，你的雇主就要在前两个星期将你的就业情况汇报给 CES 调查问卷。下面的日历显示的是下雪天跟参考周的对比。

有些企业因暴风雪的阻碍而未能及时返还调查问卷，这个理论又该如何设定呢？设想一下，安安烤饼店（Ann’s Scones）和詹姆斯有限公司（James Co.）收到一份调查问卷。一月份，这家街角面包房雇用了 10 个人。2 月 9 号这天，安不幸踩到黑冰，把两条腿摔折了。卧床养病期间，她查了查运程，她认为二月份剩下的日子运气不佳。于是，她决定索性这个月就不去上班了，同时免去了填写工资册问卷的麻烦。

2010年2月

SUNM	ON	TUEW	ED	THUF	RI	SAT
	1	2	3	降 4	5	雪 6
7	8	9	10 雪	11	12☆	魔 13
14	15	16	17	18	19	20
21	22	23	24	25 飓	雪 26	27
28						

图 6—2　2010 年 2 月下雪的日子

于是，这些问卷的分析人员就遇到缺失值的难题。常见的解决方法是采用零插补（zero imputation）技术，也就是说分析人员将空格用 0 代替。将所有未提交调查问卷的公司一律看作是停止营业，这样做效率非常高。不过，这个假设明显是有错误的，因为有太多实际存在的工作未被统计在内。统计学家有个警句格言：“找不到证据并非证据不存在。”在搜索引擎中搜索“零插补”，你会惊讶地发现这种

NUMBERSENSE

统计学家有个警句格言：“找不到证据并非证据不存在。”

技术的应用范围是如此地广泛，使用频率是如此地频繁。

另外一个补救方法是平均数插补法（mean imputation）。此刻，分析人员假定未回答者将给出跟回答者同样的答案。这是另一个大胆的假设，也许还是个有点儿荒唐的假设。这个假设所排除的真实工作太少了。

劳工统计局的统计学家决不会妄下结论说，安的商店将永远停业，她所创造的 10 个就业岗位就此蒸发。相反，他们利用平均数插补法来解决停业公司的问题（我在本章结束时，将再次回到这个晦涩难懂的问题上）。

要是了解到这些关于统计岗位及用工数量的规定通常是比较宽容的，那么，我们就能判断出，数天的恶劣天气至少不能预测出 10 万 ~20 万个岗位数。要是我们忘记了，克鲁德尔会每隔几个星期就在《纽约邮报》上提醒我们一次。

是否需要进行季度性调整

每个月的星期五，美国劳工部都会发布全国的就业情况报告。第二天，《纽约邮报》金融专栏作家约翰·克鲁德尔就会引导读者去寻找“事实真相”。举个例子，2012 年 2 月 3 日，媒体欣然接受了一则政府通告，该通告宣传社会新增 24.3 万个工作岗位，这个数字比经济学家预测的结果要多很多。第二天上午，克鲁德尔将这个报告指斥为“一个阴谋”。他敦促读者去查阅原始数据：“事实上”，他解释道，“劳工部对公司的调查问卷就发现一月份有 268.9 万个工作岗位消失了……[那个] 数字才是原始的、未经调整的和未被篡改过的数字。”将大规模裁员的数据改头换面，变成体面的就业增长的，是一种叫做“季节性调整”（seasonal adjustment）的统计技术。季节性调整正是克鲁德尔主要的攻击目标之一。

根据克鲁德尔的说法，从图 6—3 的灰点中能找到真相，这些灰点代表美国 2003 年 1 月~2012 年 11 月每月原始的岗位数量。美国劳工统计局每个月随机选出 15 万家公司或政府机构并收集其工资支出册数据，用这些资料来代表 1 000 个行业、400 个地区以及各种规模的企业。每年的 2 月和 10 月，统计学家对联邦就业服务中心（CES）提供的就业数据进行修订，使之与季度就业与工资统计（Quarterly Census of Employment and Wages，QCEW）的数据相一致。跟 CES 的数据相比，QCEW 更准确，不过统计就业数据的频率不如前者密集。该数据是根据国家强制性税收记录编制而成的。所做的调整一直很适度，通常在 0.2% 左右，这足以证明工资支出册调查了不起的准确性。这个调查数据使用了大规模样本，几乎涵盖了三分之一符合条件的组织，应答率高得叫人羡慕——高达 80%。

图表 6—3 最明显的特征是灰点所形成的锯齿模式。2003 年~2012 年十年间，就业水平每年以两个锯齿的频率上下跳动。这种模式被称之为“小齿”。图中也暗藏着用黑线显示的“大齿”：2003 年~2007 年，美国的就业水平稳步上升，然后急转直下，直到 2010 年就业市场才开始恢复。这条低频锯齿线勾画出美国经济十年间的循环趋势。“大齿”也被称为（不严格的）“趋势线”，正式名称叫做“季节性的调整数据”（low-frequency sawtooth）。

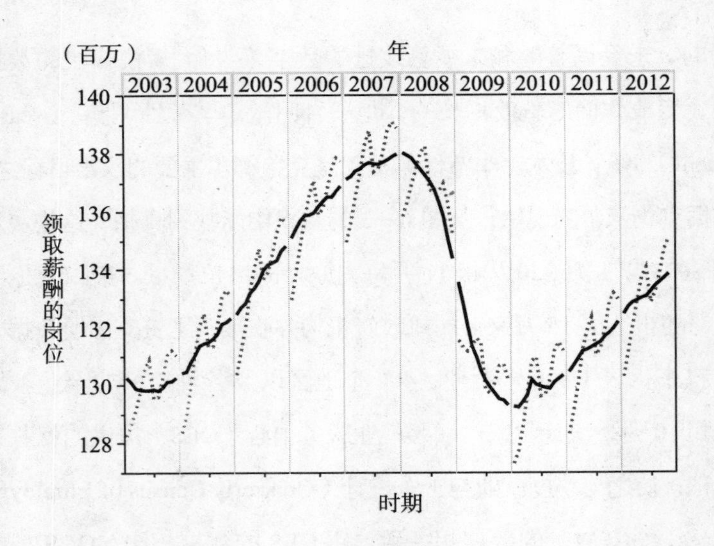

图 6—3　克鲁德尔所说的真相

（注：图中灰点代表未经调整的就业水平，而黑线是做过季节性调整的、因而数据显得很平滑。）

在克鲁德尔的世界中，“灰点”形成的线代表的是真相，而那条黑色的光滑曲线所代表的不是全部真相。不过，美国劳工统计局的态度正好相反：统计学家精心编辑了工资支出册数据，拿出了这条黑色的趋势线给民众看。那么，劳工部为什么要灰色的点变成黑色的线呢？在这个过程中，他们有牺牲了哪些信息呢？克鲁德尔的怀疑可以用下面的记号来表达：

灰线—黑线＝　？。

让我们从图 6—3 开始讲起。我们通过测量每个月的趋势线与原始数据之间的垂直距离，能够得到一组数据，然后用这组数据代替现有的两组数据。为了便于宽屏检视，我们将并行曲线图转化为网格形式，经过这样一番处理，我们就得到了图 6—4。这样一张图表应该能激活你的数字直觉了吧。尽管图 6—3 中黑线和灰线之间的差距看起来非常不一致，不过，图 6—4 却揭示出了它们遵循着一种稳定的季节模式。每一年的弧线看起来大致相同：每条线在前六个月中，从 200 万的谷底爬升到 100 万的顶峰，到 7 月份跌至负值区域，而后向反方向延伸，在一年的最后一个季度达到平稳状态，处在稍低于 100 万的水平。

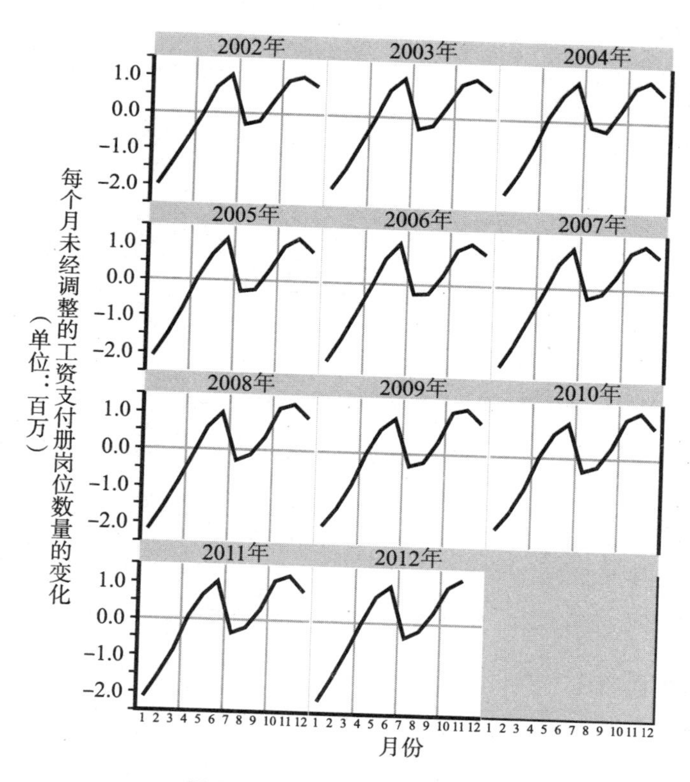

图 6—4　季节性调整的水平

（注：季节性调整的水平在月份之间差异很大。不过，年份之间的季节性调整水平完全一致。）

我们刚才把数量经济学家的作品呈现给大家。他们在模仿就业市场在12个月的循环中的变化节奏。不管经济状况如何，就业情况都在一个可预测的、叫做“季节调整因素”或者简单称为“季节性”的模式中起起落落。美国三分之二的国内生产总值（简称GDP）是消费性支出，零售商在“黑色星期五”跟年底这段时间赚到了一半的年利润，实现了30%的年销售量。过了感恩节，传统的零售商有望看到总账单扭亏为盈。冬季，快速膨胀的购物人群创造了大批新的工作岗位，其中大部分职位都是暂时的，随着春雨的降临，这些临时工作也就消失了。图6—4表现出了这种类型的季节性变动。

接下来，让我们来完成克鲁德尔的等式，我们得到：

灰线 — 黑线 = 季节性

用直白的语言来表述就是：

原始数据 — 季节调整后的数据 = 季节性

季节调整后的工资支付表岗位量受到了大量的责难，也许是人们将这个数据理解成了对每个月份就业水平的估计。克鲁德尔的过激反应实际上是非常普遍的。按怀疑者的说法，季节性调整就是个弥天大谎。他们用嘲讽的口吻说：在2010年1月份，你该把简历投到哪里才能得到那23.4万个新创造的就业岗位中的一个呢？答案就像你猜过的一样，是没地儿投简历。其实，统计学家这样说是不会感到惭愧的，因为季节调整后的数据所代表的是就业率的一种基准（run rate）。换句话说，这个数字表示的是一年中“一般月”的就业水平。当然，“一般月”是个虚拟的概念，就跟其他统计学意义上的“平均”一样。从图表6—4中，我们知道一月份在创造就业机会上远远落后于平均数。要是你想了解到底增加或减少了多少工作岗位，统计学家就会取消季节性调整：

原始数据 = 季节调整后的数据 + 季节性调整

那么，他们就会同意克鲁德尔的说法，全国在2012年的头31天减少270万个工作岗位。

那美国劳工部为什么要玩弄数据呢？想一下克鲁德尔版本的“真相”吧：2012年1月份，全国削减了270万工作岗位。这是否预示着就业市场即将崩溃呢？还是仅仅是标志着新年就要来临的一个必然过程呢？要是你了解到2007年的就业情况，你也许会改变答案。那年的就业率沉到了周期性的谷底，一月份裁员280万！直接报告原始数据吗？该数据描述的是从12月到1月间，就业率急剧暴跌。告诉公众这个数据，往好里说是没有意义的，而往坏里说，会造成误导。关键的问题是，这次就业率衰减是异乎寻常的大还是异乎寻常的小。

数据分析师不得不应付的是两个争夺有利地位的因素（本书第8章，在梦幻橄榄球的背景下，我们将讨论一个类似的难题）。每个月的就业水平不但要受到当下经济状况的影响，而且还要看该月的“大齿”跟“小齿”。要是让“小齿”起作用，那么，我们就是在陈述显而易见的事实——由工资支付册调查所得到的岗位数量每年一月份都会缩减近300万个。那又如何呢？政治家不能拿来季节性这块遮羞布。一月份没有圣诞节。然而，他们相信政府能够通过货币或者财政手段来改变总体经济的发展方向。因此，数理经济学家就利用相同的等式割掉“小齿”，显出“大齿”，不过，等式要做一下变换：

季节调整后的数据 = 原始数据 — 季节性调整

为了获得季节性，美国劳工部的工作人员分析了五年的历史数据，用来建立“一般”的每月就业水平。为了使所有的月份都能够进行比较，他们也下了不少苦功夫。对计量经济学家来说，必须要面对生活中的一些烦人的事实，例如：

- 每个月的天数不同；
- 每个月工作日的数量不同；
- 算进薪水支票的工作日的数量不同；
- 耶稣受难日和劳动节的浮动性。

其中任何一个烦人的细节都有可能无法进行当月同期比较。经济预测人员要是忽视这些，需要自行承担风险。

克鲁德尔拿一家虚构的公司做例子。这家公司扬言要发 300 份解雇通知书，后来裁掉了 200 个雇员。他声称，经过季度性调整后，让他开心的是，就业报告将极力宣传这 100 名新雇员。这家公司要是处在一个杰克·韦尔奇（Jack Welch）式的评级和封杀体系（rank and yank）中，那会是实情。在这种管理体系中，每年都会解雇业绩最差的 300 名员工。于是在这种情况下，统计学家将会总结出，这 100 个员工出人意料地保住了饭碗。跟往年相比，就业水平确实是得到了改善。这个笑话是关于那些觉察出就业形势在恶化的人的。

季节性调整数据是为进行跨月份对比而准备的。在图 6—3 中，要解释其中任意两个灰点之前的差距，不仅没有结果，而且令人困惑。不过，要比较那条灰色趋势线上的两点则不费吹灰之力。报告原始计数数据，将会把我们带入死胡同。关于就业市场是在康复还是继续受到伤害，他们说的不多。劳工部 2012 年 1 月公布了一个季节调整后数据，宣称新增 23.4 万个职位时，虽然实际上有上百万个工作岗位消失了，统计学家认为这个失业情况跟就业市场正在逐渐恢复的情况是一致的。调整还是不调整呢？不调整，说的谎更大。

这条鱼变质了

像很多闹情绪的市场观察员一样，《纽约邮报》的克鲁德尔所要求的“真相”是“原始的、未经调整也未被篡改的”数据。这个标准带有“乌托邦式的光环”。它将人类看成是地球纯粹性的破坏者。自然母亲给予我们的已经是最好的了，不需要再改善了。这样一种理念近来在食品行业大行其道。数据分析领域也从中借来了很多词汇(“原始”数据，“炒一下数据”，或者“切割数据”)。在上等餐厅，最流行的是从农场到餐桌的理念。有一些餐厅老板甚至要求顾客直接用手拿着吃，或者摸着黑吃饭。有些就餐者被这种没有添加剂、不放香料的烹饪流派所吸引。在动物饲养方面，正流行不使用荷尔蒙和抗生素的原则。母乳喂养运动也产生于类似的思想源头。不久的将来，我们也许会耻于给宠物进行排便训练。让身体的功能实现自然的状

> **NUMBERSENSE**
>
> 像很多闹情绪的市场观察员一样，《纽约邮报》的克鲁德尔所要求的“真相”是“原始的、未经调整也未被篡改的”数据。这个标准带有“乌托邦式的光环”。它将人类看成是地球纯粹性的破坏者。
>
> 在数据科学方面，“无害”运动被冠以杂七杂八的名称，其核心观点是强调在做数据分析时要尽可能少做假设。

态，难道不是更有意义吗？

在数据科学方面，“无害”运动被冠以杂七杂八的名称，比如：“非参数化”、“精确”、“自由分布”以及“无假设”等。其核心观点是强调在做数据分析时要尽可能少做假设。不幸的是，这些方法的好处经常受到过度吹捧。我认为它们的价值在于为数据补充了观察角度，而非替代其他方法。减少假设的代价不言自明。矛盾的是，分析越“精确”，能告诉我们的就越少，说的时候，就越没有自信。假设有两个旅游团在进行观兽旅行，在黎明之前，他们跑着观察一只美洲豹。其中一支队伍由“模型”先生带队，他带了一支柔和的手电筒，来照路并确定野兽的行踪。另一支队伍由“精确”先生率领，他蔑视一切人造光，因为会打搅动物的栖息环境，他宁愿依赖听觉和嗅觉。说的不错，“模型”先生的行为可能会改变自然，不过，下面这一点也是事实：他的队员在此次远足之后，会带回去更多可谈的话题。此外，“模型”先生的顾客可以报告说，自己亲眼看到了美洲豹；而“精确”先生的队员只能描述他们听到了什么，推断那声音来自一头带斑点的大猫。当然，每支队伍都有自己的忠实粉丝。一个不一定就比另一个高级。就是否需要统计假设这个问题来说，这的确是个很有用的比喻。两者之间要权衡的是“要看事实上不存在的东西”，还是“不看事实上存在的东西”。做尽可能少的假设，一方面是一种保守的策略，另一方面难免不是一种牵强的借口——害怕失败。

NUMBERSENSE

我们也来推翻所谓的“原始的、未经调整与篡改”这种观念的神话吧。我们曾遇到的所有调查数据，都被以这种或那种方式“调理”过了。

我们也来推翻所谓的“原始的、未经

调整与篡改”这种观念的神话吧。我们曾遇到的所有调查数据，都被以这种或那种方式“调理”过了。思考一下如下的场景。

1. 美国某大学的学生，依据所给出的评分标准给上学期选过的课程打分。评分标准，比如：“讲师对教学资料很了解”，从 1 到 7 分，1 分表示“非常同意”，7 分表示“非常不同意”。该问卷的最后一道题目是开放式的，允许学生对该课程发表任何评论。当数据分析人员将原始数据输入电脑程序时，她注意到有 10% 左右的学生大概是误解了等级分数的意思：他们在最后一个问题中对该课程赞不绝口（“该讲师是迄今为止我遇到过的最好的老师！！”），不过，在上面的题目中，大部分打了“7”分。既然学生的前后评价存在不一致，那分析人员是否该将数据翻转过来，使其跟学生的真实意愿保持一致吗?
2. 在每年三月的人口普查中，美国劳工统计局都要对拉丁裔进行过度采样（oversample），确保有足够的数量，才能对这一特殊种群得出统计上可靠的结论。在实际操作中，这意味着样本中拉丁裔所占的比重，要比他们在美国人口中的实际比例多一倍。那么，在编辑全国总人口的统计数据时，美国劳工统计局是否该对调查数据进行重新分权，以反映每个族群真实的相对规模呢?
3. 大约有 15 万企业参与每个月的工资支付册调查。这些公司是从美国知名企业花名册中随机挑选出来的。虽然经过谨慎的计划，样本选出来以后，还是有一些新公司才宣告成立。这些新建立的实体，通常不会回答这项问卷，一直到他们有了会计。此外，样本确定以后，有些公司倒闭了，因此也就没人能

> 填写这些调查问卷。根据上面的分析，可以了解到：CES 的样本对年轻企业的代表性不足，同时过度代表了濒临死亡（或者已经死亡）的企业。那么，政府是否要调整数据来修正这种不平衡呢？

任何一个有理性的人都不会对上面的任意一个问题说不。不对原始数据进行调整就等于故意公布错误的信息。这就好比厨房的大师傅明知鱼变质了还要端出来。大数据的世界需要更多好假设，更少坏假设。

华盛顿过去的那些漂亮的统计数据

> **NUMBERSENSE**
>
> 平凡的事情试图让你停下来思考。有些东西让人觉得无聊，就像失业率。这个数字每隔几个星期就要光顾一次，来逗一逗新闻主播们。

你经历过那样的时刻。平凡的事情试图让你停下来思考。有些东西让人觉得无聊，就像失业率。这个数字每隔几个星期就要光顾一次，来逗一逗新闻主播们。也许它让吉姆·克拉默（Jim Cramer）不胜其烦，在他的 CNBC 电台对之进行了激烈的抨击。不过，万钧雷霆也就仅仅一天而已，第二天又是个艳阳天。这个数字你从来没关心过，直到现在，你才开始怀疑。这是真的吗？你将这个数字跟工作中的事情联系起来看。不幸的事情发生了：有人拿来了很多纸箱子，某些同事被公司招见，接着上述同事最后一次急匆匆地走出办公楼。

你匆匆了解了大学同学的现状，惊愕地发现其中许多人目前已经失业，或者说正在考验就业市场。很多同学似乎一下子消失了：就拿汤姆来说吧，你打电话请他修电话或者电缆，他说之后再给你回复；你最好的朋友艾米从公司辞职了，因为她不想等到被公司炒鱿鱼，她是这样说的；你邻居家的儿子史蒂文大学毕业后又搬了回来，不过现在还在待业。根据你的社交圈子，你估计目前的失业率在20%以上。然而，美国劳工统计局报告说，即使是在大萧条的低谷期，失业率也未越过10%这条红线。美国劳工统计局说的是官话，从20世纪40年代政府就这么说。你以为这只不过是政府的老把戏而已。就在这个时候，日常工作打断了你的沉思。

很多美国人都对此持怀疑态度，尤其是2012年美国大选期间。当时很多时事评论员期待经济形势——说得准确点儿，萎靡不振的经济能够影响大部分选民。因此，失业率比以往受到更多的关注和谈论。在丹佛大学举行的第一场总统辩论中，米特·罗姆尼警告政府，鼓动阴谋家："总统先生，你有权拥有你自己的飞机、你自己的房屋，但是你无权保留自己的真相。"政府操控数据这个话题，被罗姆尼的支持者杰克·韦尔奇扩大了。这位具有传奇色彩的前通用电气CEO，给他的140万粉丝发了一条引起争议的推文："这些就业数据不能令人置信……这些芝加哥小伙子们什么事都做得出来……辩论赢不了就篡改……"不过耐人寻味的是，韦尔奇领导的企业建立了巨大的财富王国，可以说是日进斗金，同时却发出了成千上万的解雇通知。在美国劳工统计局于十月份的第一个星期五发布了就业情况报告前后不到五分钟的时间，韦尔奇就作出了反应。

> **NUMBERSENSE**
>
> 说起来耐人寻味，韦尔奇领导的企业建立了巨大的财富王国，可以说是日进斗金，同时却发出了成千上万的解雇通知。

距他在丹佛公开抨击奥巴马的演讲仅仅两天的时间。九月份的失业率是7.8%，比前一个月低0.3%；失业率降到8%以下，最近的一次是2009年的一月份，差不多是四年以前了。韦尔奇的即兴评论是一种没有事实根据的指控，应当受到严厉的谴责。不过话又说回来了，对这份官方的统计数据，我们又有谁不感到忧心忡忡呢？

7.8%的失业率，也是就说100人中有7.8个人失业，那么1 000个人中失业的就有78个。你会在心里想，在9月，1 000个美国人中有78个人失业，那也就是说，这些人在9月9日~15日这个调查周，连一个小时也不曾工作过。不过，这个合乎情理的解释背离了经济学专业所用的标准。经济学家不认为每个美国公民都适合工作。只有那些具有“劳动力”的公民才可以被“雇用”或者说“失业”。事实上，有一套复杂的规则来确定某人的就业状态。这个规则是用一些技术与文本文件来描述的。我直观地总结了一下，如图6—5所示。

我们通常会以为，丢了工作会使人从就业变成失业状态。不过，根据美国劳工统计局的计数规则，这可不是定律。有些劳动者直接从“就业”变成了“非劳动力”，这意味着官方的失业率不再考虑这些人。这个流出量也就解释了为何官方的统计数据看起来低估了就业衰退的严重程度。

汤姆是个做了20多年的公用电话亭安装工作的工人，随着这种机器的从街角消失，他的工作没了。而且他的专业也过时了，如今成了一个没有专业技能的中年工人。抱着开始一份新职业的想法，汤姆进了一家社区大学学习护理课程。那目前汤姆算是失业吗？一般人会说是。

艾米刚告诉她的经理，休完产假以后不再回公司了。她是一家总部设在曼哈顿的出版公司的编辑。虽然她热爱这份工作，不过，工作对她来说可有可无，因为她的先生在康涅狄格州的一家对冲基金公司工作，是一位交易明星。这对夫妻育有四个孩子。现在，她打算当一名家庭主妇。那艾米算是失业了吗？或许是吧，因为她不再持有一份付薪的工作。

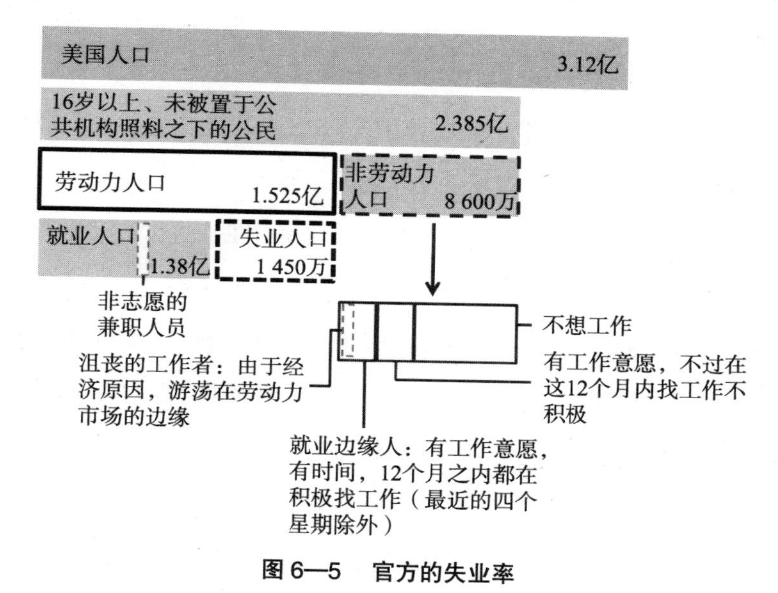

图 6—5　官方的失业率

在图 6—5 中，官方的失业率有时被称为“U-3”——失业总数与社会劳动力之比。就业边缘人与沮丧的工作者不被计入失业人口。非志愿的兼职者被计入就业人口（此图不是按比例绘制的）。

斯蒂文 15 个月前从华盛顿的一所文学院毕业，获得了哲学学位。起初，他非常认真地对待找工作这件事。他搜索求职网站，提交了上百份简历。面试机会却很少光临。即便偶有面试机会，他又要跟那些或者有硕士学位的、或者有五年直接工作经验的、或者在管理层有朋友的求职者竞争，跟这些人竞争，他显然没有什么优势。大约六个星期前，他身心疲惫，精神沮丧，决定暂时停一段时间再找工作。当银行存款用尽时，斯蒂文心地善良的父母将他童年时的卧室打扫干净，邀请他回家住。那么，斯蒂文算是失业吗？当然。

然而，在官方的统计数据中，不管是汤姆、艾米还是斯蒂文，都不被看做是失业——他们统统被排除在劳动人口之外。汤姆不能参加工作，一直到他顺利拿到护理资格证并开始找一份工作时为止。艾米此时不想工作，当然也没有去找过。斯蒂文毕业后，他作为一名失业者进入了劳动力人口之列，尽管从未参加过工作。在暂停找工作五个星期后，美国劳工统计局将他从“失业工作者”归入到“沮丧的工作者”——某人有工作欲望，也能够工作，且在过去的一年内积极寻找工作，不过由于经济原因，在最近的四个星期被迫放弃了。由于不属于劳动力人口，因此，斯蒂文的状态对失业率没有影响（再读一下图 6—5，详细看一下非劳动力人口所包括的几种类型。）

全国有多少和汤姆、艾米和斯蒂文同样情况的人呢？图 6—6 显示，自 2007 年年底经济大萧条以来，这类人口显著增加。截止到 2012 年 12 月，将近 9 000 万的成人被排斥在官方的失业数据之外（也被称为 U-3）。美国劳工统计局认为有 36% 未被置于公共机构照料之下的市民，不具备受雇条件。

计算失业率能有多难呢？也许你会以为任何一个掌握基本数学知识的人都能做。只要你没工作，你就算失业了吗？不过，要是你根本就不想工作呢？要是你没再找新工作，你就算失业了吗？要是你决定去旅行呢？要是去做不领报酬的社区服务呢？要是你想要一份工作，不过没有积极去争取，那你算失业吗？要是你一周都在读自助指南，而未实际去申请工作，那你算是要找工作吗？那要是你参加进修课程呢？结果发现，计算并不像看起来的那般简单。当然，哪些要计入失业人口，哪些不计入，不同的人对此持有不同的观点。

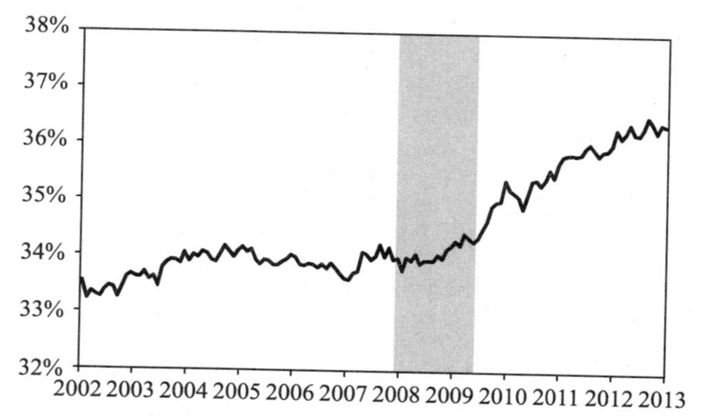

图 6—6　非劳动人口的增长率（官方不认可）：限定在那部分未被安置在公共机构接受照顾的市民

［来源：美联储经济数据（FRED），圣路易斯联邦储备银行（Federal Reserve Bank of St.Louis）］

认识到观点的多样性，前劳动统计专员朱利叶斯·希斯金（Julius Shiskin）在 1970 年研发出一套涉及面较广的失业率指标。美国劳工统计局所发布的 6 个指标（U1~U6）就是由其发展而来的。举例来说，计算 U-5 失业率所利用的人口基数包括那些近期未就业人口（如图 6—7）。刚毕业的大学生斯蒂文，找工作找得厌倦了，他将被计算在内。

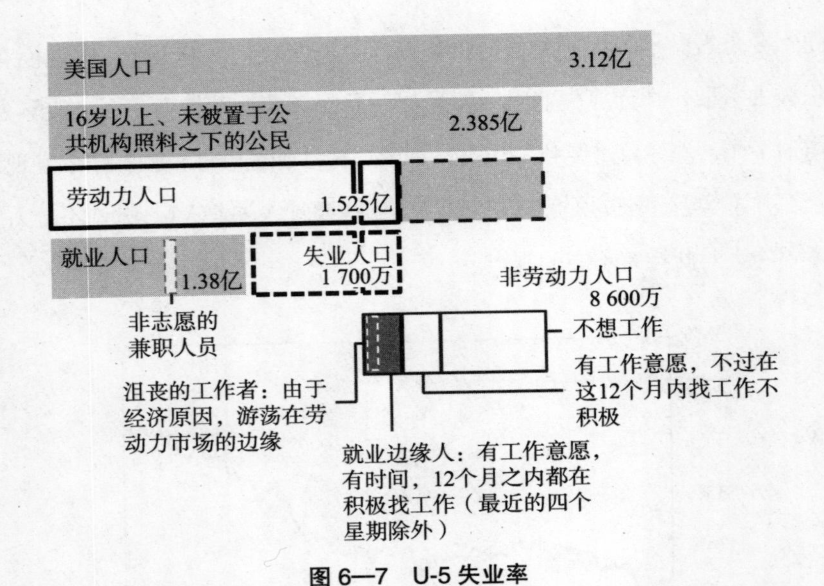

图 6—7　U-5 失业率

图 6—7 展示了 U-5 失业率：“失业人口与就业边缘人口之和”除以“市民劳动力人口与就业边缘人口之和”。非志愿兼职者计入就业人口。沮丧的工作者计入失业人口（此图不是按比例绘制的）。

在美国劳工统计局工作的统计学家们都遵循一套严格的规则，这套规则可以追溯到 20 世纪 30 年代。虽然这套规则我们或许不会全部赞同，但它一直被清晰地定义并被贯彻执行，因此，你不可能找到熟悉美国劳工统计局工作程序的专家，让他们相信这个部门的职员会为了迎合政治需要而制造数据。这也就是为什么杰克·韦尔奇的言论受到众人的嘲弄。尽管如此，你们依然会发现很多统计学家会创造出自己口味的失业率。

人们在回答问卷时是易变的，也是靠不住的。在本书第 1 章中，我们看到一些关于法学院毕业生职业前途的调查问卷，在探寻人们对这个问题的真正看法时是如何失败的。当他们告诉采访员自己不想要一份工作时，他们真正的意思是什么呢？ 8 000 万人都不想去赚钱，他们个个都经受得起吗？要是说你想保守点儿，并假设每个人都需要一份工作。这是对失业（半失业）所做的最宽泛的定义如（图 6—8 所示），结果失业率涨到了 42%。

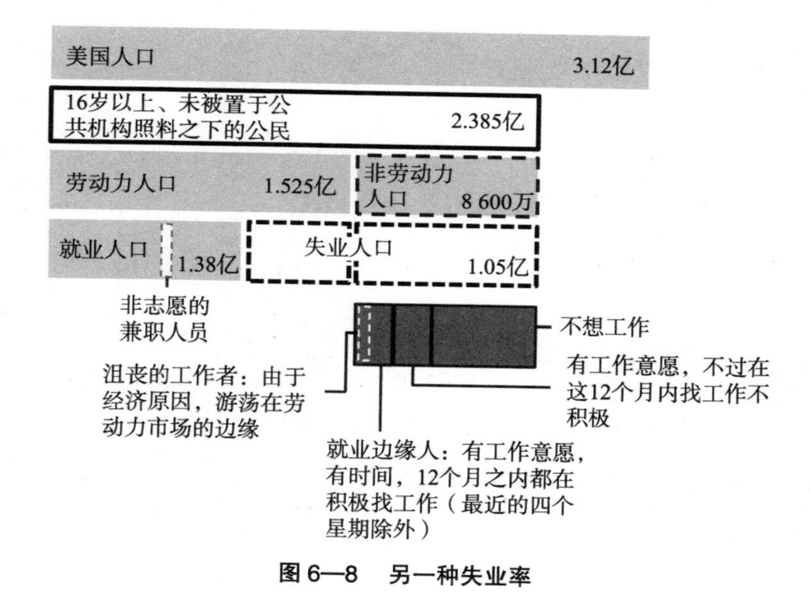

图 6—8　另一种失业率

图 6—8 显示了另一种失业率："失业人口与非劳动力人口之和" 除以 "市民中年龄在 16 岁以上且未置于公共机构中被照顾的人口总和"（此图不是按比例绘制的）。

图 6—9 所描述的这个失业率的反比，叫做 "就业人口与总人口之比"（employment-population ratio）。有些经济学家认为这个数据比美国劳工统计局的六个指标中的任意一个所提供的信息量都要大。这种测度所描

绘的全国就业形势令人不安（如图 6—9 所示）。这个统计数据自经济大萧条时期骤跌，而我们卡在底部，站不起来。跟 U-3 指标一起进行评估，我们就能推断官方失业率的下降更多的跟那些“不想工作”的人们有关，而非那些“正在找工作的”人们。

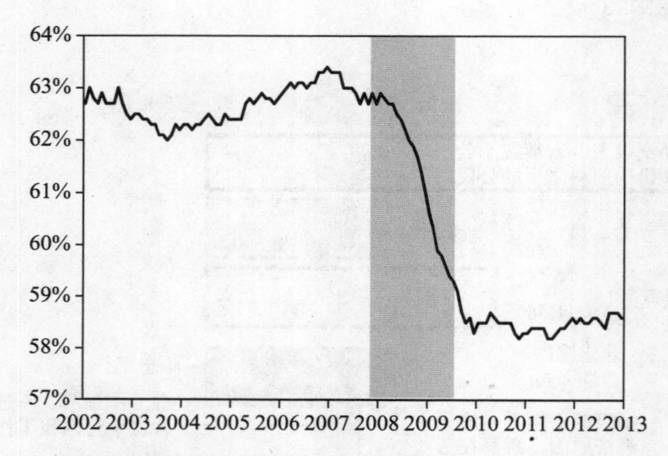

图 6—9　就业人口与总人口之比（2002 年 ~2012 年）

[来源：美联储经济数据（FRED），圣路易士联邦储备银行（Federal Reserve Bank of St.Louis）]

上面提到的这些比率中的任何一个都有可能造成误导。拿“就业人口与总人口之比”来说吧，该数据没有区分年轻的大学毕业生和退休人员，因此，往往过高估计失业率。除此之外，总是会有一些像艾米这样不想工作的人。这就是统计学家主张失业率不能、也不应该为零的原因之一。虽然这个政府声明是有些问题的，但至此，你该明白官方发布的失业率并没有因为将艾米这样的人排除在计算之外而被虚增了。

克鲁德尔称之为“哎呦”

2012年8月4日，多年来一直谦虚地迎合政府的数量经济学家、《纽约邮报》金融专栏作家约翰·克鲁德尔甘愿服输。不过，在其最新的文章中，他狠狠地训斥道：

> 政府又该出来撒谎了。我很久以来就坚信劳工部每个月所发布的就业情况报告极其不准，糟糕透顶，简直就不值得去编制。不过，到目前为止，我从未想过这些数字是编造的。

他嘲弄的目标是所谓的“净生/死模型”（Net Birth/Death Model），这也许是他最喜欢的撒气对象了吧。他给这个模型贴上了各种各样的标签：“华盛顿所干的最接近于欺骗的事儿”、“A级刺激”、“劳工部的电脑臆造出来的玩意”，等等。他认为“净生/死模型”创造业了“虚构的、而政府又无法证明其存在的工作岗位”。举个例子，该模型于2011年5月，增加了206 000个工作岗位，而做过季节性调整之后，这个月的岗位增加量估计为54 000个。美国劳工统计局在审查更为准确的“季度就业人数和工资调查”（Quarterly Census）之后，每年发布两次“基准修订版”的当前就业统计数据。2000年以来的多数年份，要从每年的岗位总量中加上或者减去10~20万个岗位，即总数的0.1%~0.2%。克鲁德尔放肆地将这些数据称为“哎呦报告”（Oops Reports）。他抱怨说，这些校正大部分恢复了对考虑不周的“生/死模型”的调整。

实际情况并非如此。之前做的这些调整使统计数据在基准校正之前的月份更接近于季度调查所获得的数据。为了理解这个“净生/死调整”，我们必须看一下反事实分析（我在第3章中定义了这个概念）。我们要问的是，假如事先未对公司的“净生长和死亡”进行调整，那么基准调整的幅度会有多大呢？根据美国劳工统计局的经济学家于2008年所做的研究，之后的校准将会是现在的几倍大。

“净生/死模型”是用来解决挑选偏差问题的，具体情况我已在前面罗列过了。工资册调查所获得的数据要是不调整，将会系统性地少计算那些由新成立的公司所创造的工作岗位，同时将过高地估计那些因为公司破产实际上已经消失了的岗位。克鲁德尔正确观察到这些岗位是不计数的，不光美国劳工统计局做不到，其他任何人都做不到。美国劳工统计局的模型以历史数据为基础作出了假设。事实上，变化的规模跟全国工作岗位的数量比起来，真是微不足道——2011年5月的增加量是1.3亿个工作岗位的0.15%。要是这种调整只是为了接近所谓的“真相”，而不是为了纠正选择偏差，那会怎么样呢？我估计读者们将会少些困惑。

> **NUMBERSENSE**
>
> 数字直觉从审视数据开始。不过，在挖掘到数据是如何被修正的这些折磨人的细节之前，最好不要去碰这些数据。不过，原始的、未经修改的数据几乎得不到任何答案。

数字直觉从审视数据开始。不过，在挖掘到数据是如何被修正的这些折磨人的细节之前，最好不要去碰这些数据。在应用统计学家的工具箱里，没有比这更重要的了。因此，约翰·克鲁德尔在这点上是对的。不过，原始的、未经修改的数据几乎得不到任何答案。有些形式的调整——不管是季节性调整，还是偏差修正，还是别的什么——都像是沙拉上面的调味汁。

NUMBER SENSE

第7章 你买鸡蛋花了多少钱

> 在市场经济学中，我们认为抓住了物价，就抓住了供求关系的一切。生产者和消费者都必然会对价格作出反应。当半数以上的人口对价格标签完全不在意时，我们就会怀疑经济学界是否在核心假设上出错了。

回忆一下你上一次光顾食品杂货店是什么时候。你还能记起买了什么，以及每样商品你付了多少钱吗？如果你买了一盒牛奶或者果汁，你知道你付的价格是高于或低于平均价吗？当你回答前面的问题时，你会想："你说的'平均'是什么意思？是说这个店的价格是否正常，还是说在你街区周围的店中，这个价能否算得上中间价，或者别的什么？"你还记得你买的牛奶是否是该店周末特价商品吗？你是否还记得兑换过一张从报章杂志上裁剪下来的优惠券？你是否还记得你选了一个新牌子的果汁仅仅是因为有促销？你是否不再喝纯果乐（Tropicana）而改喝奥德瓦拉（Odwalla），或者把美汁源（Minute Maid）换成了阳光心情（SunnyD）？

如果你跟"一般"的购物者一样，你就很难回想出这些问题的答案。

NUMBERSENSE

如果你跟“一般”的购物者一样，你就很难回想出这些问题的答案。一旦涉及记商品的价格时，我们的表现就糟糕透了。

一旦涉及记商品的价格时，我们的表现就糟糕透了。

商人们很早就知道并探究过我们的价格遗忘症。20世纪80年代末，两位市场营销教授彼得·迪克森（Peter Dickson）和艾伦·索耶（Alan Sawyer）与一家大型连锁超市合作，测量消费者在回忆自己在30秒或者更短的时间内买东西时表现得是多么地健忘。研究者等购物者将某种目标商品——比如咖啡、牙刷或人造奶油放进购物车里，就赶紧拦住他们，并付给他们1美元的酬金来表示感谢，绝大多数被调查者都同意回答一些问题。为了增加找到对价格敏感的购物者的概率，一部分研究被安排在1月底开展。因为放寒假后，家庭预算会变得有点儿紧张。但是，人们知道购物车里的东西花了多少钱吗？他们知道哪些东西打过折扣吗？这次在该连锁店的4个分店调查了约800位顾客，得到的结果令人不安。

一般的购物者到了商品陈列区后，在12秒之内就拿下商品走开了，不过，大部分人不能确定自己刚从货架上拿下的商品的准确价格，他们猜测的价格的平均误差是真实价格的15%。20%的购物者甚至不能给出一个猜测价格，而且他们对特价商品的意识更糟糕。虽然超市连锁店在电视上、报纸上大力推销特价商品，用“降价促销，有奖促销”这样的广告语，附带着一把剪子的形象。除此之外，管理部门还在货架上将带有广告口号和剪子标志的明黄色标签，放在标准的黑白色标签旁边。不过，仍然有60%的人对他们购物车里的商品是不是特价表示一无所知。那些顾客对降价金额的估计，平均错误率是47%。

让人瞠目结舌的发现远不止这些。研究人员了解到，那些经常买某种商品的人对该商品价格的了解并不比其他人多。最后，教授进行了一个辅助的商标认知测验，这个实验与我们在第 1 章中提到的那个类似。有些购物者凭直觉能够认出特价商品的标签，虽然他们并不能回忆起准确的价格。但这个实验结果再次震惊了人们，只有 54% 的参与者能够从三个备选答案中挑出正确的价格。

NUMBERSENSE

研究人员了解到，那些经常买某种商品的人对该商品价格的了解并不比其他人多。

在市场经济学中，我们认为抓住了物价，就抓住了供求关系的一切。生产者和消费者都必然会对价格作出反应。当半数以上的人口对价格标签完全不在意时，我们就会怀疑经济学界是否在核心假设上出错了。

这类研究向现代经济学的基础提出了深层次的问题。在市场经济学中，我们认为抓住了物价，就抓住了供求关系的一切。生产者和消费者都必然会对价格作出反应。当半数以上的人口对价格标签完全不在意时，我们就会怀疑经济学界是否在核心假设上出错了。迪克森和索耶认为：在他们的研究中，要是消费者考虑价格的动机越强，其对价格越敏感，但是结果证明这些在市内贫农区的杂货店购物的人甚至对他们花在杂货上的钱更加一无所知。营销专家很早以前就放弃了很多有悖于现实的经济学原理。行为经济学家现在正着手解决这类难题，他们的视角很可能使这门学科的基础现代化。

现在，我们站在商店经理的一边，要求在接下来的四个星期，将一加仑牛奶的目标价定在 3.50 美元。那我们可以将价格固定在 3.50 美元，不过这样做毫无想象力。然而，我们很大一部分顾客喜欢优惠券和特价这类的游戏。那好，我们可以把价格定为 3.60 美元，每月搞一天特价，将价格定得让人不可拒绝，比如说 1.50 美元。另一种办法是，搞一个每周特价 3.00 美元，将平常的价位定为 3.60 美元。

三种价格策略产生的平均价格都是 3.50 美元。哪种价格策略会得到最多的收入呢？哪种策略将会胜出呢？这取决于客户对折扣的反应。而客户将会作出何种反应，又取决于商家如何处理价格。这里是一些可能要考虑到的问题：

- 易得性（Availability）：人们会接受先进入脑子里的东西。我们在第 5 章中遇到的行为心理学家丹尼尔·卡尼曼和阿莫斯·特沃斯基就是这种理论的捍卫者。
- 近因效应（Recency）：预期价格会受到最近碰到的价格的影响。
- 频率（Frequency）：顾客会记得经常出现的价格。
- 平均数（Average）：顾客对平均价格有个心理想象，这就意味着顾客会凭直觉来认识一组数字的平均值。
- 中位数（Median）：顾客对中位数价格有个心理想象，这需要他们自然地抛弃极端值。
- 极端值（Extremes）：觉察力会受到异常的大值和异常的小值的干扰。
- 损失（Losses）：顾客过分地关注价格的上涨，因为他们把价格上涨看做是经济上的损失。
- 多次性（Numerosity）：当节约的钱分摊到很多小部分而不是一股脑儿算在一件商品上时，顾客会觉得这笔生意很划算。

到目前为止，还没有人对顾客如何观察价格这个问题进行明确的研究。我们甚至不清楚，是否每个人都赞成同一套启发法（heurisitics）。决策标准也许会随着所购商品类型的不同而有所不同。由于像烤炉和烤箱这样的耐用消费品不经常更换，那么，谈论频率、平均数、中位数和多次性就不合适了。高价商品和低价的商品，肯定不会给予等量的考虑。也许卡尼曼和特沃斯基的视角是最宽泛的，即所有其他的标准都准确地指出哪种价格是“易得的”。

有些你看见了，有些你没看见

价格涨了多少？这是个不缺意见的话题。要是怀疑，去问问你妈妈（或者去问你们家掌握财政大权的人）。我母亲是一位精打细算的购物者，热衷于买打折品。通过她我可以了解到：该在哪个商店买什么，一年中什么时候去逛专卖店最合适，什么时间该打开钱袋，哪种优惠券可以合用，什么时候该用百分比折扣，什么时候该用代金券。我问她是否清楚食品杂货的价格。她注意到花在鸡蛋和烘烤食品上的钱比较多。在加利福尼亚，新鲜水果和蔬菜比较丰富，因此价钱变动不大，尤其是她坚持买特价蔬菜。咖啡无疑花的钱比较多。“政治家在提高过桥费”，她补充道，“交通罚款也是。”

30 多年来，密歇根大学的调查研究中心通常会问人们：“你希望在未来的 12 个月价格平均上升或下降百分之几？”他们的回答编进了通胀预期指数（Inflation Expectation Index），这个指数是美国商务部的先行经济指标指数（Index of Leading Economic Indicators）的 11 个组成部分之一。2008 年上半年，“中间民众”（median person）期望每年物价上升 5%。不过，个人的评估则是极不统一，数据非常分散。举例来说，

2008 年 7 月，有超过四分之一的回应者认为未来一年的通胀率将会下降 10%~20%。这段时间，媒体报道，官方的通胀率，也叫做居民消费价格指数（Consumer Price Index，CPI）在 2.5%。

在这样一个如此重要且有针对性的话题上意见这样多样化，研究者被难住了。不仅经济理论需要顾客对价格变动所作出的反应，政府也需要将各种社会支出项目锚定（anchor）在美国劳工统计局计算的通胀率上。此外，美联储的职能还包括保持价格稳定。而居民消费价格指数最令人费解的是，为什么观察到的物价变化跟官方公布的通胀率偏离这么多呢?

那么物价到底增长了多少？我希望你已经明白，要回答这个问题，并不是一个简单的任务。你使用哪种启发法（heuristics）来估计通胀率呢？哪种商品先进入你的脑子呢？你正在想那些诸如食品和卫生纸之类的反复购买的商品吗？你是否考虑过像电视机和沙发这类、价钱很贵的非常规性支出呢？房租和学费，怎么样呢？回忆买过的那些东西的价钱，你又有多大把握呢！更不用说，随着时间的迁移，价钱上又会有所变动。居民消费价格指数的一个难题是，我们对日常价格不怎么关心。不过，这只是其中之一，还有其他的呢！

对被平均化的不满

人类的大脑在凭借记忆或推理来猜测价格方面表现拙劣。不过，你可以拿起笔和纸有条不紊地计算出个人的通胀率。

> **NUMBERSENSE**
>
> 人类的大脑在凭借记忆或推理来猜测价格方面表现拙劣。

从列出过去两年所有的开销开始。这张清单既包括商品和服务，也包括经常性消费和一次性消费。有一些项目不包括在内，比如保险费——因为这部分开支是从薪水中直接扣除的，其他形式的定期支出，还有一些用购物卡买的东西。特价和折扣把事情搞得一团糟，与此同时，收益和价格调整追踪起来很痛苦。小额支出已悄然累积起来：每天两杯星巴克，一年花在这上面的钱超过一个月的房租（804 美元）。

现在，请按照类型来对这些项目进行分类：食品、能源、通信以及其他。很可能年复一年，你拆分支出细目的方式具有一贯性。要是开支分布明显改变，这种情况会随着某种生活事件的发生而出现，比如，结婚、生子及搬迁。这时候，通胀率这个一般概念就失去了任何意义。通胀率通常指的是为维持稳定的生活质量所需支出上的增加。假设某位同事因为工作出色获得晋升，从此，生活方面就变得比较奢华，例如，从全食超市（Whole Food）买价钱更高的有机食品，或者在科罗拉多的斜坡上建一个度假别墅。该同事的家庭开支也随之增加了。那么，这种情况就不能算作通常意义上的、因支付价格变动带来的通胀。

拿上一年作为你的参考年度。你上一年买的东西构成你的典型的“篮子”，表 7—1 就体现了一个这样的例子。

然而，同一篮子的东西在下一年又会花多少钱呢？拿日常用品来说，比如，奇迹面包（Wonder Bread）和班杰瑞冰激凌（Ben and Jerry’s），因为你两年都买了，价钱的变化直接可以得到。要注意，生产商经常会变相涨价。你拿一罐四季宝花生酱（Skippy Peanut Butter），感觉一下瓶子的底部。很多年前，四季宝在底部弄上个浅凹，这使罐内食品的分量减少了 10%。要进一步收集那些相似而非完全相同的商品的信息。你可能一年用掉了 6 磅饼干，不过去年的胖牛顿（Fat Newtons）跟今年的非凡农庄米兰风味曲奇（Pepperidge Farm Milanos）不完全一样；袋装的趣多多（Chip Ahoy！）跟精品面包店买的巧克力碎饼干也不一样；自动售卖机里的奥利奥（Oreos），跟好市多（Costco）店里的价钱也不一样。如果你今年不买同样的商品，那你就必须弄清楚去年那种商品目前的价钱。

表 7—1　　一个消费者支出篮子的样本

支出类别	开销	支出比重 参考年份
食品	9 000	15%
住房	18 000	30%
衣物	2 000	3%
交通	10 000	17%
医疗	6 000	10%
娱乐	4 000	7%
教育	2 000	3%
其他	9 000	15%
总计	60 000	100%

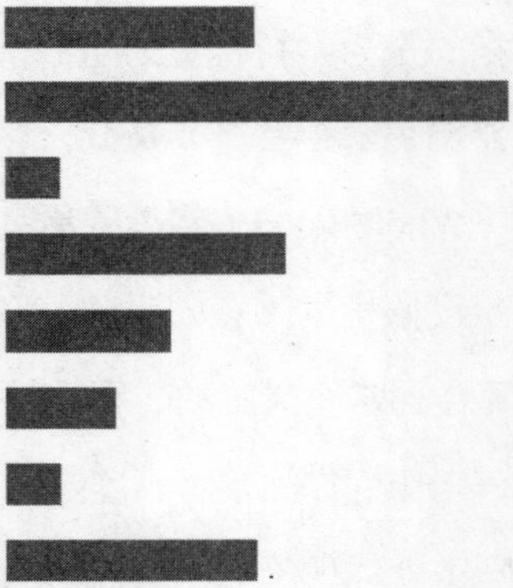

这听起来让人很痛苦，不过，要是跟有线电视公司打过交道的话，你就会明白这实在算不了什么。有线电视公司再度提高了服务费。虽然向节目包增加了 10 个频道，不过，这 10 个频道中：有 3 个是西班牙语的，一种你不说的语言；1 个是烹饪节目，1 个既有的食品频道的派生物。你

是一种什么人呢？这么说吧，像“坚毅、前卫和新潮”这些形容词，朋友们即使喝得酩酊大醉，也不会将它们用在你身上。有 1 个频道是放经典电影的，这多少让你兴奋了一点。其实，许多都是原有频道的高清版。甚至有 2 个高清频道，通过无线方式就可以接收到。那么，收视服务费的提价有多少是通胀造成的，又有多少是因为节目的升级换代——频道更多，画面更清晰呢？每个频道对整个节目包贡献的价值是多少呢？

好在美国劳工统计局已经做了很多繁重的工作。他们出版了上百份基本的价格指数。要是你的购物篮中有 30% 是饭店账单，你可以查阅你所在地区的“所有城市居民的消费价格指数：户外就餐”，这个指标测量的是外出就餐花费逐年的变化情况。你个人的 CPI 就是你的购物篮中构成因子及其指数的平均数，要根据各个开支类别的相对重要性分别加权。

刚才简述的这个过程，描述了美国劳工统计局在计算 CPI 时 90% 的程序。这些专业的数据收集者拥有的一项重要财富就是，他们有一套解决计数挑战的规则。这些挑战包括新包装、质量提升以及优惠打折等。这个机构只发布一个数字来代表全国 1.04 亿城市家庭，难怪我们观察到的通胀率跟“平均的”美国人的经验不一样。这个差距是另一个 CPI 难题。“平均的”美国人？就像我们在《数据统治世界》中所讨论的，即使你游遍美国 50 个州，也找不到一个人，其行为跟“平均的”美国人乔（Joe）一模一样。乔是谁？这个人物出自《美国统计摘要》（*Statistical Abstract of the United States*）。平均就是跟每个人都差不多，不过，没有哪个人是

NUMBERSENSE

他们很担心平均通胀率。我们期望 CPI 能够反映我们个人的经验，但它不会，也不能，仅仅是因为这个程序不是为这个目的而设计的。

平均的人。政府的政策制定者，采取的措施必须对整个国家有利，因此，他们很担心平均通胀率。我们期望 CPI 能够反映我们个人的经验，但它不会，也不能，仅仅是因为这个程序不是为这个目的而设计的。

让我们重温一下通胀是如何测量的。这一次，我们要注意美国劳工统计局的统计学家是如何将均值加到混合项目中去的。我们不可能去审计美国每个家庭的预算。CPI 产生于一系列的调查。这些调查问卷只从城市消费者中收集数据，这涵盖了总人口的 80%。因此，假如住在乡村，那么你的经验不会包括在里面。把人们对于收入支出方式的反应进行加权或者合并，这样就得到了篮子。一个通常都在家吃的素食主义者，其食物预算跟一个正进行吃肉减肥法（Atkins diet）的、从来不做饭的、酷爱吃肉的人完全不同。不过，当答案搅和在一起时，他们就成了“平均的”美国人的一部分了，每样东西都消费一点点。同理，大部分人或者租房，或者有自己的房子，不过，“平均的”美国人按比例两种房子都住。

现在看看篮子里面。美国劳工统计局将商品分到 200 个临时组里：鸡蛋就是这样一个组。鸡蛋的实际价格不稳定。它取决于鸡蛋的大小、质量、你的住址及你所购物的商店，还有一些无法控制的因素，比如优惠券、天气、燃油费，等等。美国劳工统计局，通过问卷查清楚了哪类鸡蛋“平均的”美国人会去买，在哪种类型的经销店售买。外勤人员每个月都抽一些店去收集报价。就鸡蛋来说，他们在每个大城市收集 10~15 个报价，在每个小城市收集 5 个报价。牌价看起来就是这样的：

西夫韦公司（Safeway）售出的 [位于加利福尼亚州圣荷西市（San

jose）贝里埃萨（Berryessa）路] 卢塞恩（ucerne）牌 AA 级鸡蛋，每打售价 2.49 美元。

数据收集者在每家店根据其受欢迎的程度，从在售的所有鸡蛋中挑出一组鸡蛋。而后，求其平均价格。挑选的商品每一个月或两个月换一次；所调查的经销店每三个月轮一圈。

这个平均价格跟你付的价钱怎么比较呢？要是在农贸市场买，价钱就不一样了。如果你吃的是乔氏连锁超市（Trader Joe's）出售散养鸡蛋，价钱又不一样了。如果你只要半打鸡蛋，那你的单价就比较高；如果你居住在中西部，鸡蛋的价钱就比较低；如果你对鸡蛋过敏，那你将付出惨重的代价。来自美国劳工统计局的一个数字不可能跟每个人的经验相吻合。

总的来说，发表的那个 CPI 数字是由很多煞费苦心的细节累积成的。每个篮子包含了 200 多个种类的商品，38 个地区中的每一个地区都有实际的篮子，地区与支出类别的每种组合，产生了 8 000 多个基本的指数。美国劳工统计局从这些指数中制造出了地区指数、项目类别指数以及各种总体指数。

我们在大数据世界的深处。每个人都能取回上千个指数。政策制定者应该周密制定明智的经济政策，来反映多种多样的消费支出类型。我们没有理由要求他们制定出一个能够适应全体的单一模式政策。每个人都可以建立一个自己的通胀指数。不要指望这个指数能跟官方的 CPI 相吻合。要知

NUMBERSENSE

我们在大数据世界的深处。每个人都能取回上千个指数。政策制定者应该周密制定明智的经济政策，来反映多种多样的消费支出类型。我们没有理由要求他们制定出一个能够适应全体的单一模式政策。

道，官方所发布的CPI只是一种统计上的平均。与其担心平均数本身，不如将注意力放在平均数周围的差异上。事实上这个差异所提供的信息量很大——它代表了我们个人的消费习惯跟“平均的”美国人有多大的不同。

谁的核心

NUMBERSENSE

CPI的第一个困惑是：我们对于所买的东西到底付了多少钱一无所知。而对被平均的不满是第二个困惑。

CPI的第一个困惑是：我们对于所买的东西到底付了多少钱一无所知。即便我们能够准确地记起价格，一个总体数字也不能代表上百万人的个体经验，因此对被平均的不满是第二个困惑。万一我们打败了统计学的上帝，将自己变成“平均约翰”或者“平均珍妮”，我们自己所计算的通胀率也依然跟官方的统计数字对不上。我们这才认识到自己所居住的世界跟那些向政府建言的经济学家所居住的完全不同。

从20世纪70年代开始，经济学界的权威就向美国的决策者们兜售他们称之为“核心通胀率”的概念，用以区分我们在前一部分一直在谈论的那个数字。经济学家将前面提到的CPI称为“广义CPI”，这个名字听起来让人觉得它适合于新闻专栏，而不适合于较真的个人似的。而核心通胀率（core inflation rate）是刨去食品和能源之外的所有支出的CPI（美国劳工统计局于1977年首次发表了这个补充的数据序列，之前从未用过“核心”这个术语，更喜欢用“所有项目的CPI，包括少量食物与能源”这种说法。）

“核心”包括多层含义：

中心，通常是事物的基础部分；

基本的、精华或者最持久的部分；

最基本的意思；

最深的或者最亲密的部分。

经济学家们在使用这个名词兼形容词“核心”时，显然用的是“基础”或者“根本”这个意思……他们坚信，核心通胀率在测量全国长期的价格走势上更准确。这种食物与能源在价格上偶然的大起大落，仅仅是一种干扰，不代表一种大趋势。对这样一种声明，具有数字直觉的态度是检查证据，而不是从表面价值去判断。

在图 7—1 中，我们看到忽略掉食物跟能源支出后的惊人效果——这是一种我们称之为“过滤”的统计调整技术。这个图是有两条线的故事：2007 年 1 月 ~2012 年 10 月，根据核心通胀线，美国的经济平稳滑行，至少对商品及服务的价格来说是这样的——通胀率很稳定，每年的上涨幅度控制在 1%~3%。但这只是说，此处价格变动的比率很稳定，而不是说价格不上涨。如果你冒着惹恼你的经济学家朋友的危险，偷偷瞄了一眼广义通胀率，你或许会觉得自己跟他们生活在完全不同的宇宙！2008 年的头几个月，你在广义通胀率（或者所有项目的价格数字）中看到的是，价格正以 4% 或 5% 的通胀率向上攀升，接着通胀率骤跌了差不多一年，一直跌到 2009 年年中。期间，一般的生活成本实际缓解了很多。随后，物价指数开始缓慢曲折地反方向逆转。不过，这些上升和下降的情况在核心通胀线上都消失了。

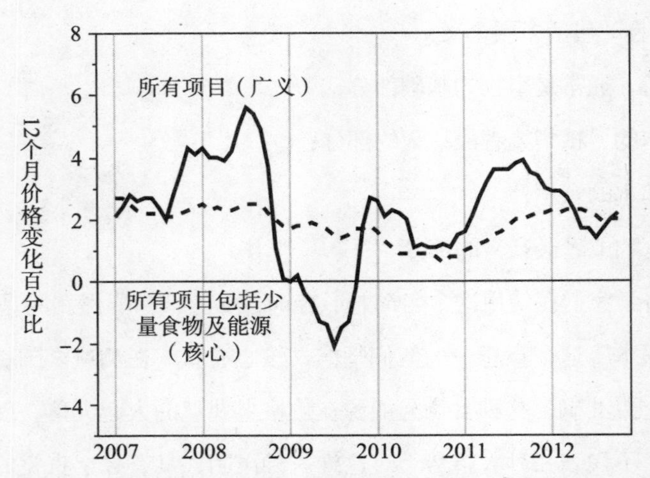

图 7—1　核心通胀率（虚线）与广义通胀率（实线）相比较（未经调整过的、同期通胀率）

问问自己，自2007年开始，美国经济在这五年多的时间出现了什么问题。或者，回到第6章翻翻图6—3，那张图显示了这段时期美国的就业情况。这两个故事，哪个真实反映了美国的经济情况呢？

试想一下，一位飞行员在穿过大陆时遭遇了一场虚惊，最终成功着陆。机组人员像往常一样祝贺乘客平安抵达。不过，对乘客来说，这场旅行给他们留下了难以磨灭的记忆：气流漩涡，剧烈的推力，紧紧抓住椅子的扶手，拉住所爱的人的手，扶好半满的饮料杯。产生这样的差异的原因就在于视角的不同，这是CPI的第三个困惑。经济学家跟飞行员一样想问题，而我们则同情乘客。

表7—2列出了CPI所包含的一些主要的类别。我将这些项目分成两组。试试看，你能否弄清楚为什么有些项目放在左边，而有些项目放

在右边？想想何时、何地、如何支付这些商品或者服务。

你是否能够识别出这两组在购物模式上的区别？A 组中的项目买得比较频繁，几乎没有一个星期我们不去买食物和燃料。如果自己不做饭，就得在外面吃。我们每个人都是一个需要不断补充动力的小机器。相反，B 组中的项目你只是偶尔买一次。一旦搬进公寓，房租就是固定的了，你暂时不会再考虑搬家的问题。汽车或者房子在你一生中，只不过买几次而已。因此，日复一日，你思考的中心大多在 A 组的商品。要是被问到价格，食品及燃油的价格自然先冒出来。这就是“易得性”（availability）这个词的含义。与经济学家不同，大部分人将食品和能源看作是“核心”支出。它们对于我们的生存来说是“基本”而且“必需”的。平均算起来，这些东西占了我们每年全部支出的 25%。

表 7—2　　消费支出的主要类别

A组	B组
肉，家禽，鱼，鸡蛋	房租，按揭开支
谷类，烘焙食品	购置车辆
水果，蔬菜	健康报销
日常用品	服饰
非家用食品	学费
电力	
燃料油，其他燃料	
汽油，机油	

尽管如此，经济顾问还是会建议政府官员说 A 组里的商品是没有意义的。这些顾问不仅主张那些东西不太重要，还会从字面上给这组项目

标记上“重要等级为0”。下面是另一种理解A组和B组的方式。B组中的项目在很大程度上决定核心通胀率的主要支出。而A组中包含的项目，不会被计算入核心通胀率。这样的过滤所带来的统计上的效果是可预知的，那就是放松了核心通胀率与食物或者能源价格上的相关性。这种偏差虽然在技术上不那么严谨，但可以用平实的语言来表述，那就是官方的通胀数字跟消费者日常的经验相抵触。

钻啊，孩子，钻啊

下一次，要是有经济学家坚持认为食物和能源的价格太庞杂以至于没有用处时，那你就该给他看看图7—2，尤其是图的左半部分，注意观察该经济学家局促不安的神情。

你习惯于期望食物CPI以某种不可预测的方式上下激烈波动，不过，在近期的数据中未看到这种情况。事实上，食物的价格跟所有项目的CPI同步运动。最近，只有能源价格的起伏不定让人担心。研究这种趋势的科学家，了解到这种变化的倾向已经被控制住了，这是因为我们现在消费更多的加工食品，更会经常在外面吃饭，那里的菜单价格是不变的。这个趋势非常有意义，食品专家期望它保持稳定，也很容易发现，除非你只关心核心通胀率。那样的话，食品价格及其稳定性同样都被送进了垃圾箱。当解释核心通胀率这个概念时，很多经济学

> **NUMBERSENSE**
>
> 除非你只关心核心通胀率。那样的话，食品价格及其稳定性同样都被送进了垃圾箱。当解释核心通胀这个概念时，很多经济学家会机械重复一些压根儿都不是事实的东西。

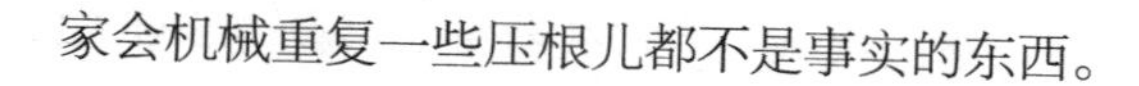
家会机械重复一些压根儿都不是事实的东西。

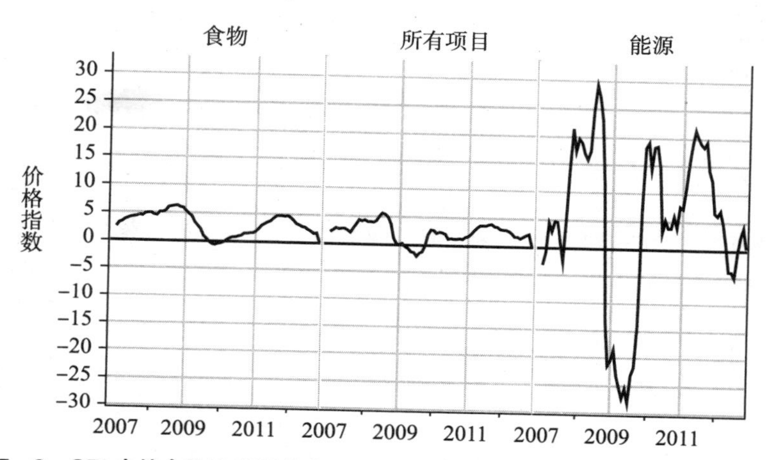

图 7—2　CPI 中的食物及能源成分：食物及能源的指标与所有项目的 CPI 相比较

现在我们来看看统计学家为何憎恨丢弃数据。他们有时确实会丢弃不好的数据，不过，以产生高变异性为代价来替代差的数据并非明智之举。例如，将自己放在一家手工皮鞋厂的质检经理的位置上。皮鞋之间颜色上的变化是完全可以接受的，甚至可能被认为是顶级皮革的特点。不过，我们肯定会拒绝那些被锐物刮伤的皮鞋。美国劳工统计局坚持要将核心通胀率描述为“包括少量食品及能源的全部项目”，他们也是从专业上反对无端对数据进行清理这种做法。

经济学家很聪明地注意到，某些数据摇摆得比另一些厉害。他们的错误在于对这个有意义的特点视而不见。统计学家常使用一种叫做“分解”（disaggregation）的策略：他们将数据分解，然后

> **NUMBERSENSE**
>
> 经济学家很聪明地注意到，某些数据摇摆得比另一些厉害。他们的错误在于对这个有意义的特点视而不见。

分别钻进其构成因素。在《数据统治世界》中，我曾带大家看过 SAT 的设计者和保险业者是如何使用这个通用法则的。研究通胀的统计学家也采用同样的方法。

尽管全国媒体只谈核心通胀率或广义通胀率，美国劳工统计局仍将可获得的上千种离散的价格指数作为每月发布的 CPI 的一部分。美国劳工统计局提供成分指数（component indice），并将重点放在食物或者能源，或者大量支出类别中的任意一个。他们有鸡蛋、家具、有线电视订购费，以及几乎你能想象得到的任何东西的通胀率；有全国各地的地区通胀指数；甚至有提供给美国老年人的实验指数，以适用于他们独特的消费模式。

美国劳工统计局邀请我们“钻啊，孩子，钻啊”（“drill,baby,drill”，共和党提出的口号，意思是开采更多的石油）。我利用这个机会来验证一下某些妈妈们对杂货价格趋势的观察。不是所有的食物群都是生来平等的：食品的整体 CPI 线条走向平和，这掩盖了其构成成分间惊人的差异（如图 7—2，图 7—3，图 7—4 和图 7—5）。美国劳工统计局报告的数据显示，从 2009 年年中到 2011 年年中，牛奶和鸡蛋的价格上涨了 20%。这无疑证明了妈妈们的购物资质。然而，令人惊讶的是，到 2012 年底，商店里鸡蛋和牛奶的价格上涨至 2008 年年初的价格大体相等。可以看出，随着近年来价格的猛涨，从根本上改变了大萧条以来价格急速下滑的趋势。

那水果和蔬菜的情况又是怎样的呢？住在“黄金州”（Golden State，加利福尼亚州的别称）的妈妈喜欢买蔬菜之类的东西，因为供应很充足，质量上乘，价钱也非常合理。数据告诉我们，这种情况不仅在加利福尼亚洲发生，而且尽管经济发生了巨变，但全国的新鲜水果和蔬菜的价格还是守住了阵地。到 2012 年，平均价格水平已经或多或少地恢复到了 2008 年年初的水平。但加工过的水果和蔬菜，自 2008 年以来反而涨了 20%（如图 7—4）。

咖啡 CPI 的数据也证实了咖啡爱好者的焦虑。咖啡的价格确实遭遇了恶性通胀：不过 12 个月的时间，我们在咖啡上的开支就增加了 25%。他们也许是根据一些常买的东西，比如咖啡、牛奶和鸡蛋之类而形成这种判断。但他们似乎忽略掉了其他种类，比如说衣服和家具用品，这些商品的价格是下降的（如图 7—5）。

CPI 统计数据层层叠套就像俄罗斯套娃（Russian Nesting Dolls-Matryoshka Dolls）一般。将代表所有项目的那个数字拆开，我们会发现食物指数，而后将其中的 60% 分给家用食物指数，另外 40% 分到非家用食物指数。家用食物指数又可以再分成（按重要程度分类）：

- 肉，家禽和鱼；
- 水果和蔬菜；
- 谷类食品和焙烤食品；
- 非酒精饮料；
- 乳制品及相关产品；
- 食糖和甜品；
- 油脂类食物；
- 鸡蛋；
- 其他。

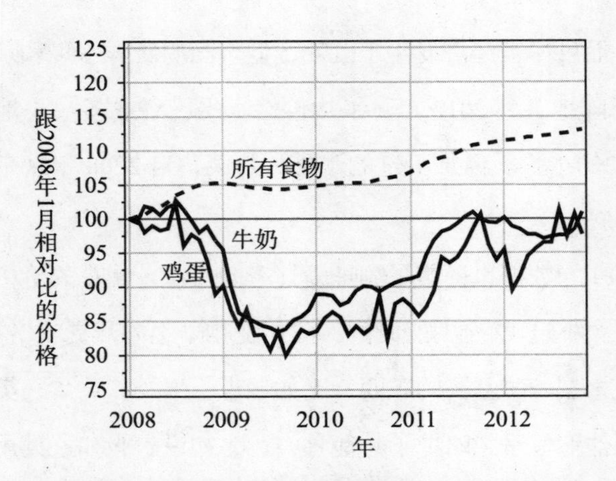

图 7—3　2008 年 ~ 2012 年鸡蛋和牛奶的价格变化

图 7—3 显示了自 2008 年以来，选定食品——鸡蛋和牛奶的价格是如何变化的：鸡蛋和牛奶的价格循相似的轨迹，2009 年年中先降了将近 20%，然后到 2012 年底恢复到 2008 年的价格水平。

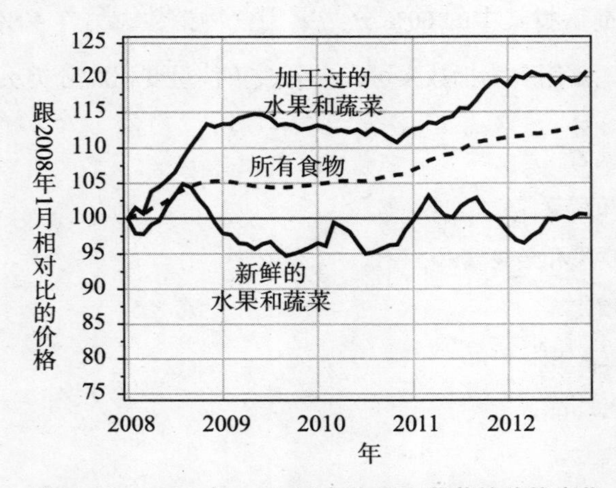

图 7—4　2008 年 ~ 2012 年水果和蔬菜的价格变化

图 7—4 显示了自 2008 年起，选定食品——水果和蔬菜的价格是如何变化的：加工过的水果和蔬菜涨了 20%，然而，新鲜水果和蔬菜的价格则保持相对稳定。

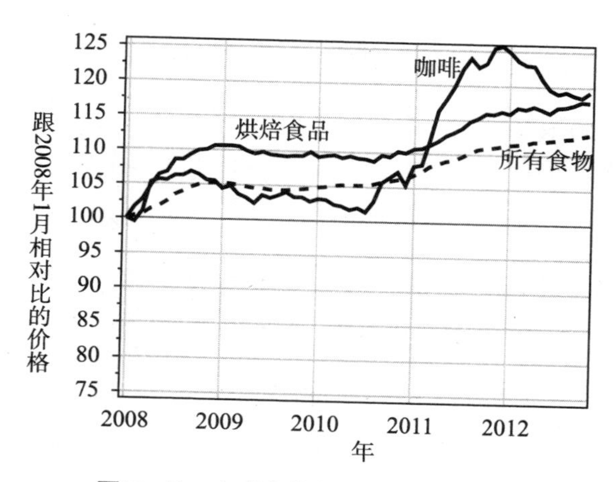

图 7—5　咖啡和烘焙食品的价格变化

图 7—5 显示了自 2008 年起，选定食品——咖啡和烘焙食品的价格是如何变化的：咖啡的价格在 2010 年年中到 2012 年年底涨了 25%，不过，之后涨幅就变缓了；烘焙食品的价格在 2008 年前半年，涨得比较厉害，之后跟一般食品的价格指数保持同步。

内部的每个人物设计必须要有变化，要不然，玩俄罗斯套娃也没什么意思。统计学上过于强调总体，其效果就跟用胶水封住中间的一个娃娃，是一样的，而且还在为这种不友好的行为辩护说，里面这些更小的娃娃都长得一个样儿。在核心通胀率这个例子中，一对娃娃被从套娃中拿了出来，与此同时，收藏家被告知这套娃娃的价值保持不变，因为那些娃娃很“丑”。

对平均数的惧怕

经济学报告饱受对平均数的恐惧之苦。居民消费价格指数不代表任

NUMBERSENSE

经济学报告饱受对平均数的恐惧之苦。居民消费价格指数不代表任何人的经验。它表示在一个“平均”零售商那里的一套“平均”的项目的“平均”变动。

何人的经验。它表示在一个“平均”零售商那里的一套“平均”的项目的“平均”变动。这套“平均”的项目是挑选出来，用来代表一个“平均”篮子商品和服务中具体的项目组。而这个“平均”的篮子是一位“平均”的顾客,从全国的一个“平均”地区买来的。我们不断听到关于这样一个数字的事情，而且经常感到困惑：官方的统计数据为何跟我们的个人经验不一致呢。要是记者谈论一个不同的数字，那必然是核心通胀率。这个测度将食物跟能源的支出排除在外，而食物跟能源的支出，在很大程度上形成了我们对价格变动的感知。

负责经济板块的记者至今尚未认识大数据。美国劳工统计局向社会公开了上千个覆盖不同地域、不同开支类别的价格指数，以及各种定义的通胀率，可是我们很少从新闻中听到它们。“解构”不能放松平均化的过程，成分指标往往对我们更有意义。当数据非常丰富时，我们应该欣赏其构成成分的多样性。“平均化”和“过滤”这两种策略，有时作用正好相反，前者消灭了差异性，而后者为多样性投下了影子。

NUMBER SENSE

How to Use Big Data to Your Advantage

| 第四部分 |

关于体育大数据的解读

NUMBER SENSE

第8章 你是好教练还是好经理

> 传说又一次得到了验证，好的教练敌不过差的管理。在联盟赛中，好的总经理总能打败好的教练。

我最喜欢的纽约的一家街边餐饮店最近关门了。餐厅的黄泥灰墙、呆板的口音以及质朴的亚麻布让就餐者回忆起在托斯卡纳（Tuscan）农场愉快的就餐记忆。我曾驻足于厨师酒吧（chef's bar），并且喜欢将奶酪、火腿、橄榄和面包配餐，然后一直看着它们被送进位于后墙角的砖炉里。厨师们在那里准备烤猪肉、章鱼和胡椒。“美好生活”(Bellavitae)是一家中档价位的意大利餐厅，位于某个被街道分割成一张网格的大都市的一个不起眼的小巷里。米内塔·莱恩剧院（Minetta Lane Theatre）只有一个配套的商业实体，这是一家独立剧院。

我可以想象厨师们在听到弗兰克·布鲁尼（Frank Bruni）不温不火的评论时，那种惊愕的表情。布鲁尼当时是《纽约时报》最有影响力的美食评论家。“美好生活餐厅的大部分菜单，致力于提供一种需要花更多心思去搭配而非实际去烹制的食物，”他这样评论道，而后解释说：“一道菜，实际烹煮得越多就越可能不成功。”从那以后，每次我在这家店大嚼鸡肝酱烤面包时，都能真切地感受到布鲁尼的那番评论。

有一天，当我和朋友杰伊（Jay）谈一个与梦幻橄榄球（fantasy football）相关的话题时，布鲁尼那刺耳的评论又从脑子里蹦了出来。杰伊现在是一名自由摄影记者，以前曾在出版行业工作过。在出版社工作期间，除了编写教科书以外，还撰写了大量统计学文章。杰伊在圣路易斯和密苏里念的大学。虽然十多年间，他一直居住在波士顿、旧金山和香港，但到现在依然支持圣路易斯公羊橄榄球队。

2006年，杰伊参加了蒂夫妮·维多利亚纪念杯梦幻橄榄球联盟（Tiffany Victoria Memorial Fantasy，简称FFL），将自己球队命名为"Tuff Toes"。他的球队在小规模的、非货币性的联赛中表现良好，因此，他迫不及待地想到"更大的比赛中"一试身手。梦幻橄榄球从20世纪90年代中期以来风靡美国，当时哥伦比亚广播公司（CBS）率先建立网站来举办梦幻联赛，让粉丝有权使用时间表、统计数据、分数和工具。2011年，益普索（Ipsos）民调发现，梦幻橄榄球联盟的玩家有2 400万之多，其中20%是妇女。

2011~2012年美国国家橄榄球联盟（NFL）赛季中，杰伊仔细分析数据来评估自己优势和劣势。他特别想知道，该把时间放在优化（不择手段地）队员名单上，还是该放在挑选比赛日的阵容上。

杰伊深受比尔·帕索斯（Bill Parcells）所写的一篇著名评论的启发。比尔·帕索斯是一位具有传奇色彩的橄榄球教练，因20世纪80年代率领纽约巨人（New York Giants）这个常年的后进球队，两次斩获超级碗冠军（1986年和1990年）而名声大噪。1996年，已栖身新英格兰爱国者队（New England Patriots）的帕索斯，陷入与该球队老板罗伯特·卡夫（Rober Kraf）的权力之争中。这位失意的教练说出了这样一番有名的话："他们命你烹制晚餐，至少该让你跑到杂货店买些食材回来吧！"这个类比巧妙地描述了球队总经理跟球队主教练之间的微妙关系。卡夫赞成传统上对总经理和主教练的责任划分：

- 总经理负责通过征募、交易以及启用被弃球员等方式来组建球队，同时要监督球队的工资上限（salary cap）；
- 教练的责任是挑选上场的队员，设计应付对手的策略，在赛场上做战术选择。

在那时，帕索斯的训练能力是毋庸置疑的。然而，这位教练对手下的运动员却不太满意。而卡夫又不愿意交出自己长期把持的人事权，帕索斯受不了这口气，良禽择木而栖，他索性另择明主，跑到纽约喷气机队（New York Jet）效力去了。

对初学者来说，其实梦幻橄榄球很简单，只要别把它看成是橄榄球就好了。相反，它很像一种投资博弈，玩家们在有限的几个星期内互相竞争，看谁能组成最有利的股票投资组合。所谓的"股票"，就是美国国家橄榄球联盟中的运动员，而"股值"则在每个周末赛后，根据你们联盟的计分公式计算得出。而所谓的"股票组合"，则是由每周从 14 名队员中激活的 9 名队员组成。不过，那 5 位后备球员一分也不能替你拿到，这就像你在观察名单中所插入的感兴趣的股票不能为你获利一个道理。评分公式是各种真实统计数据的组合：

- 四分卫将球扔出 400 码，得分；
- 外接手（Wide Receiver, WR）累计超过 100 码，得分；
- 开球员（K）四次射门得分，得分。

每个技术位都有自己的一套测度。说到底，你要将赌注压在在接下来一个星期的比赛中将会有出色的表现的那个队员身上。同时，你也会赌受伤，因为在真实世界中不活跃的运动员在梦幻赛场中也会得零点。就跟那些热衷于翻周日报纸插页捡便宜货的人一样，梦幻橄榄球的玩家们监控受伤数据，来寻找能点燃他们的想象力的零星数据。

有这样一对变数。选出的 9 人战阵必须包含：

- 一位教练（C）；
- 一支由防守队跟特别队组成的小队（D/ST）；
- 7 个防守队员——1 个四分卫（QB），两个外接手（WB），一个边锋（TE），一个跑卫（RB），一个开球手（K），一个外卡（通常是由第二四分卫或者第二跑卫或者第三外接手来充当）。

将技术岗位当作“资产类别”来思考，比如健康保健，公共设施和高科技。

你只能启用比赛那周你所拥有的球员。球员名单在本赛季第一个比赛周开始之前就确定了。球队主人要参加选秀（**draft**），按照某种约定的顺序挑选心仪的队员。在整个赛季，你要跟各支梦幻球队明争暗斗，本球队的名单也将不断进行调整。每个星期，球队进行比赛，目的就是在得分上超过对手（不同的梦幻联盟之间，在规则上可能略有不同）。

在上面的描述中，我们没有在球队主人、经理与教练之间进行区分。这是因为在梦幻橄榄球联盟中，恰如比尔·帕索斯所期望的那样，球队主人一身两担挑，训练同时管理着球队。由于梦幻橄榄球队的教练无权决定战略战术，就有很多人对现实世界的主教练火冒三丈，因为他们所采用的战术连累自己的球队使得球队损失了周赛的总得分。梦幻橄榄球队的玩家不满之处包括：没有大幅度提高比分，或者未给自己的明星队员提供足够的触球机会。

杰伊的四分卫是新奥尔良圣徒队（New Orleans Saints）的德鲁·布雷斯（Drew Brees）。布雷斯在 2011 年第一赛季的开幕赛中开门红，在与绿湾队（Green Bay）的比赛中，传球 419 码，获得 3 个触地得分。布雷斯的英雄壮举在第一周为杰伊创造了 34 个梦幻分数，这使得杰伊队在四分卫位置上领先于对手 20 分，而对方启用的是新纽约巨人队的伊莱·曼宁（Eli Manning）。不过，独木难成林，尽管四分卫超级明星创造出了耀眼的数字，圣徒队还是在开幕赛中输给了绿湾队。经过 13 个周的角逐，杰伊的球队 Tuff Toes 队累计得分 1 297 分，在蒂夫妮·维多利亚纪念杯梦幻橄榄球联盟的 14 支球队中并列第二。然而，他正面交锋的记录则令人失望：五胜八负。要按这个记录来排序，Tuff Toes 队排在倒数第三位（与其他两支球队并列）。杰伊希望提高下个赛季的名次，不过，这个矛盾的结果令人困惑。他该听从帕索斯的话，把更多时间用在买球员上呢？还是留心弗兰克·布鲁尼的评价：“一个合格的厨师要完成的不仅仅是给食物盖上新鲜的食材”。杰伊给我看了他所做的一些初步分析，我拿过来并扩大了范围。

邀请统计学家进入你家厨房

杰伊的谜题有种经典统计学难题的味道。我们希望来解释一对相关结果，即梦幻总分跟输赢记录之间的关系。这些测度在 14 支球队中变化幅度很大（如图 8—1）。总分在 988~1 380 分变化；获胜的次数为 3~10 次。如此大的变异是由哪些因素导致的呢？按照比尔·帕索斯的说法，我们认为管理智慧（managerial acumen）和训练能力（coaching ability）是两大关键因素。这种感觉是对的，不过，“感觉对”不等同于数字直觉。这种意见需要进行验证。这样说不一定表示就能这样做。这个简单的两因子模型能解释实际发生了什么吗？或许，两个因子中只有一个对结果有影响吧；或许，这两个因子联合起来也不能提供一副完整的图景；或许，也存在运气因素吧。

世界充满了这样的难题。在《数据统治世界》中，我描述了心理测量学家是如何将能力效应从项目偏差［正式的名称叫做“题目功能差异”（differential item functioning，DIF）］中独立出来，借以解释不同组的学生在标准考试中的成绩差异。在所选定的职业中研究人们相对表现的社会心理学家，想孤立地评估普通智能、特种才能、经验多寡及个人特质给个人的职场表现带来的影响。在现代股权收益理论中，经济学家主张价格随着经济增长与利润率诸因素的变化而波动。

NUMBERSENSE

世界充满了这样的难题。在所选定的职业中研究人们相对表现的社会心理学家，想孤立地评估普通智能、特种才能、经验多寡及个人特质给个人的职场表现带来的影响。在现代股权收益理论中，经济学家主张价格随着经济增长与利润率诸因素的变化而波动。

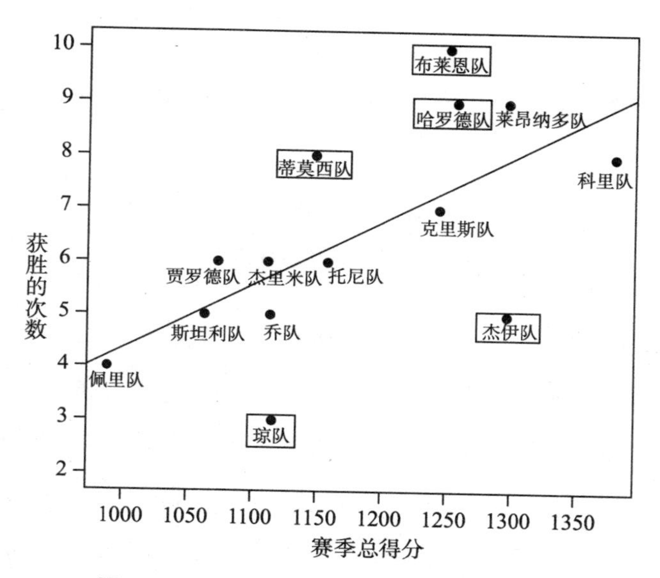

图 8—1　FFL 2011 年 ~ 2012 年赛季总比分

图 8—1 展示了 2011~2012 年蒂夫妮·维多利亚纪念杯梦幻橄榄球联盟 14 支球队的获胜总次数与总比分。请注意变异性——得分在 1 250~1 300 分的球队获胜的次数为 5~10 次；而得分在 1 050~1 150 分的球队获胜的次数为 3~8 次。根据他们的总分，方框中的球队期待获胜的次数远远高于或低于实际的获胜次数。在图中的这些框中的队所处的位置与趋势线间的垂直距离要比其他位置大很多。

棘手的问题是处理好这些因子。在任何真实世界的情形下，很多因子协力产生了观察到的结果。不过，我们想检查“其余均等”的情境，也就是经济学家经常说的“其他条件（情况）均同”的情境（拉丁文为 ceteris paribus）。如果要评估教练的执教能力，最简单的做法就是将总分相加：科里是最好的教练，因为他的队得分最多。然而，如果说梦幻联盟的表现不仅反映了教练的执教能力还反映了其他因素的话，那这个论断就站不住脚了。如果也想评估管理智慧，我们就遇到小困难了，那就是不能将总分归因于一个因素了。那么，我们需要定义两个评定等级，而且互相不能重叠。

生活在梦幻游戏之外

2012 年 9 月的一个星期五，即临近第二橄榄球周末之时，杰伊从娱乐与体育节目电视网（ESPN.com）上发现了一则不妙的消息：“只要（休斯顿）德克萨斯人继续将他视为开赛之前的最后一招棋（game-time decision），那么，不管其伤势的确切性质如何，他的状态都需要密切监视直至球赛开始。”这则消息是关于阿里安·福斯特（Arian Foster）的，他是一位很有价值的跑卫。杰伊在 2012 年的“选秀”中，第一个就选中了他。在很多个赛季中，只有这一轮他没有选四分卫（原因很简单，理想的球员已经被其他球队挑走了）。杰伊队的存在对其他梦幻橄榄球联赛的玩家来说是个不小的负担。他们将福斯特视为了该赛季最令人垂涎的跑卫之一。如果不能启用名单中最优秀的球员，对他来说将是一个巨大的损失。福斯特一直在抱怨“膝盖周围”不舒服，不过，他的情况并未挫伤本队的锐气，他们希望将对手打个措手不及。

这种临赛前决定对梦幻橄榄球联赛的玩家来说，是非常令人苦恼的，杰伊解释道。如果你正在观看一场国家橄榄球联盟赛的现场直播，得用两个脑子和灵活的手指来注视现场的活动，因为与此同时，你要通智能手机从多家网站上搜索关于临近的比赛的传闻和半真半假的消息。

如果你打算大半个周末将妻子撇在一边，从中午开始游戏，直到午夜时“橄榄球之夜”结束，那你就得在第一次投硬币之前的几个小时内求得她的谅解。杰伊虽然住在地球的另一边——香港，不过，他一直熬到凌晨以确认福斯特的状态。当得知周末他将上场时，杰伊决定启用福斯特。如果他不能熬到这么晚，他就得选择一个“有把握”的球员代替超级明星上场，而超级明星有可能在场地外坐着。这样做，他就不得不失掉一些有可能得到的分数。

周日晚上的游戏结束以后，任务还未完成，因为国家橄榄球联盟赛会在周一晚上安排一到两场比赛。对那些有合适的队员周一要出去打比赛的梦幻橄榄球队来说，这都是关键时刻。采取适当的行动，有可能在周一的比赛中扭转周日失利的局面，特别是当你的名单中有资格上场的队员比你的对手多的时候。

当比赛的钟声在周一晚上渐渐远去时，另一个循环开始了。我让杰伊描述一下他一周的生活：

我要对上个星期的决定进行检讨。我是否在队员让渡名单（Waiver）[①]中选出了合适的球员？在比赛中，我是否启用了合适的队员？我是否从梦幻橄榄球联盟的正确消息资源中获得并接受了正确的建议？然后，我要评估自己的球队：我的队员表现得怎么样？从本周对决中，关于队员和训练强度等方面，我能得到什么教训？让渡名单中的队员，我应该锁定哪位？我知道自己在梦幻橄榄球联盟中投入的精力比其他人都多。那

① 职业棒球联赛规定：球季中若要释出选手必须使用选手释出让渡制度，必须将要释出之球报提至让渡名单中。——译者注

些处于不利境地的人们是那些在最后一个小时，不能调整阵容的……是那些去教堂的，是那些去参加橄榄球赛的，是那些在遥远的时区的……，那些周日白天上班的人们……

比赛的第二周，杰伊的自信心重新被外接手哈基姆·尼克斯（Hakeem Nicks）点燃了。在以往的赛季中这个人一直是他最喜欢的球员之一。在前两个星期，杰伊没有启用尼克斯，因为他刚做过外科手术才恢复不久。尼克斯在第一周的比赛中，由于对方防守严密，他只得了少得可怜的3分；不过，第二周跟纽约巨人队一起，他克服三个上半场拦截球，并且他们在下半场集中使用传切战术（passing game），那一天尼克独自创造了25梦幻分数，真是不可思议。杰伊毫不犹豫地将他放在之后的比赛阵容里。

莱奥纳多是准备工作做得比杰伊还细致的、为数不多的玩家之一。此外，他跟杰伊一样同时在两家联盟玩。2012年选秀期间，莱奥纳多告诉他的团队，他目前不能工作，这时房间里有个人调侃他说：“不过，梦幻球赛是你的工作！”此言一点儿不差，确实如此。

首先看一下教练

在ESPN.com网站上搜索“教练排名”，搜索引擎将为你提供每周的民意调查，该问卷要求用户对美国国家橄榄球联盟的每位主教练表达赞成或者不赞成。在梦幻橄榄球联盟的圈子中，这种以意见而非事实为基础的评级，是交不到朋友的。莱奥纳多、杰伊以及其他玩家不遗余力地进行研究，内容涉及到播客、电视节目访谈、即时交谈、网络广播、Twitter 简讯（Twitter feeds）以及 Facebook 上的信息，等等。同时，也查询了大量为满足梦幻联盟玩家的需要而设立的的网站，比如说 ESPN、雅虎、Rotoworld.com 和 FFtoday.com，等等。这些网站有新闻、统计数据、评论以及预测，等等。既然有这么多触手可得的数据，为何所做出的判断却又如此主观呢？梦幻橄榄球的粉丝在廉价剧场的最高楼座或者在谈判桌上，嘲笑着这些数字。

进入 2011 年赛季的最后一个周，佩里和琼在联盟中成绩并列倒数第一，三胜九负。两个人都很清楚，两支球队很快就能决出最后一名。琼胡乱摆弄他的选手阵容：他一直轮换着让埃里克·德克尔（Eric Decker）、朱里奥·琼斯（Julio Jones）与俄利·度塞（Early Doucet）担任外接手，这次他选定了德克尔和度塞；至于防守，他选了新英格兰爱国者队（New England Patriots），该队将主场迎战印第安纳波利斯小马（Indianapolis Colts），而非纽约喷气机队（New York Jets）。他在前半个赛季支持过这个队。跟平常一样，琼开局用了两个四分卫，一个是 36 岁的老将马特·哈塞尔贝克（Matt Hasselbeck），他在 2011 年平庸的表现使西雅图海鹰队（Seattle Seahawks）的粉丝们焦躁不安；另一个四分卫是卡森·帕尔默（Carson Palmer）。

与之相反，佩里启用的阵容跟前三个星期完全相同。由于他已经连续输了三次了，那么这个决定要么反映了他打算破罐子破摔，要么反映了一种坚定的信念。最终，“无为”带来了胜利。对哈塞尔贝克的无条件信任，注定了琼的失败。仅仅需要额外的 8 分，琼就可以打败佩里。

要是他让乔纳森·斯图尔特（Jonathan Stewart）担任第二跑卫，换下西雅图海鹰队的那位状态不佳的四分卫，他最后一轮比赛就能赢，此外还会有 2 分的盈余。碰巧的是佩里在这轮比赛中得了最高分，一正一反，毫无疑问胜出的是佩里。斯图尔特，效力于卡罗莱那黑豹队（carolina panthers），是个称职的后卫；不过，梦之队的教练不敢轻易启用他，因为为他争取比赛时间带有很多潜在的、流动的威胁。因此，他的梦幻价值跟整支球队的战术捆绑在一起，每个周的成绩都差别很大。琼在第 11 个比赛周将赌注压在斯图尔特身上并得到了回报，他第 13 周本应该继续压同样的宝。

什么是好想法？好想法就是通过了解“本应”来估计“既往”。琼第 13 周的比赛输了，原因在于对球队干涉过度。佩里打出了最好成绩（74 分），而琼如果替换个队员，就能多得 10 几分——事实上，他潜在的最高得分是 86 分（如表 8—1）。

> **NUMBERSENSE**
>
> 从某种意义上说，一个好的教练能够从经理聚合起的队员名单里挑选 9 个能给梦幻球队带来最多分数的队员。

从某种意义上说，一个好的教练能够从经理聚合起的队员名单里挑选 9 个能给梦幻球队带来最多分数的队员。我们可以将选出的任何一个阵容跟理想的阵容加以比较，并据以评估。对一支给定的球队来说，实获总分与最大期望之比就是我们所称的教练等级分数（Coach's Rating）。比赛第 13 周，琼的评分是 78 分，表示实获总分占了最大期望的 78%；佩里得了完美的 100 分，因为他无法使他的球队表现得更出色了。

再看一下教练能力

表 8—1　　琼在 FFL 中选出的阵容，改进的阵容与最佳阵容的对比

位置	选出的阵容	改进的阵容	最佳阵容
四分卫	卡森・帕尔默	--相同--	--相同--
跑卫	阿里安・福斯特	--相同--	--相同--
1号接球手	埃里克・德克尔	--相同--	--相同--
2号接球手	俄利・度塞	--相同--	朱里奥・琼斯
边锋	埃德・迪克森	--相同--	--相同--
进攻外卡	马特・哈塞尔贝克	乔纳森・斯图尔特	乔纳森・斯图尔特
防御/特勤队	爱国者防守/特勤队	--相同--	喷气机队防守/特勤队
踢球手	杰森・汉森	--相同--	--相同--
主教练	绿湾包装工教练	--相同--	--相同--
梦幻总分	67	77	86

表 8—1 展示了 2011~2012 年，琼在蒂夫妮・维多利亚纪念杯梦幻橄榄球联盟选出的阵容、改进的阵容与最佳阵容：如果选择框里的队员可以提高总分。

蒂夫妮・维多利亚纪念杯梦幻橄榄球联盟的创始人之一托尼，在比赛第 3 周和第 4 周分别得了 71 分和 104 分。经计算，托尼在这两个比赛周的教练排名分值都是 70 分，这是他 2011 年赛季在选拔队员方面最普通的两次表现。这个测度意味着该教练在两个周表现得一样好，不过，事实上，托尼在第 3 周启用了一个非常糟糕的战阵。我又是怎么知道的呢？我根据托尼旗下的 14 名队员，排列出了托尼可利用的 256 种阵容，并计算了每种阵容的总分，发现总分落在一个介于 54~99 分的狭窄区间内。得 71 分的战阵排在 29% 的得分数据之前。从统计学上来说，71 分是第 29 百分位。作为比较，在比赛的第 4 周，托尼阵容的得分位列第 66 百分位。得分数据落在 55~133 分这个区间。

我将这个排名分数叫做“教练的 Prafs 值”（Percentile rank among feasible squads,Prafs, 即在可行的阵列中的百分位排名）。教练的分数是一个可供使用的第一近似值（first approximation），比教练的 Prafs 值更容易获得。这是因为前者只是考虑最佳阵列。而教练的 Prafs 值则考察了每一种可行的阵列，因此更能说明问题，不过，这需要处理更多的数据。

由于我会在这一章中经常提到“教练的 Prafs 值”这个概念，所以，将这个测度正式定义一下是有必要的：

Prafs 是指所启动的阵列在所有可行的阵列中的百分位排名，这些可行的阵列是由现有的队员名单组合而成。该数值是介于 0~100 的整数。

从所有可行的阵列中选到最差阵列的教练得 0 分，而选到最佳阵列的教练则得到最高分 100 分。2011 年在蒂夫妮·维多利亚纪念杯梦幻橄榄球联盟，教练的 Prafs 值每周的平均分值为 87 分。也就是说，该联盟的“平均”教练选出的阵列打败了 87% 的可供使用的阵列。这是一个非常有竞争力的联盟！跟 ESPN 的支持率相比，杰伊和我更信任这个由数据驱动的排名分值。

将每周的教练 Prafs 值求和就得到了该联盟所有教练的累计分值，2011 年在蒂夫妮·维多利亚纪念杯梦幻橄榄球联盟中，排名靠前的几位教练是莱昂纳多、科里、布莱恩和克里斯，而哈罗德做得比大多数教练都差。杰伊在教练技能方面名列第九，不过与名列第五的贾罗德相比仅有 16 分的差距，5 支球队的教练的 Prafs 值累计分值约为 1 150 分。

表 8—2　　2011~2012 年 FFL 中教练的 Prafs 值与排名

总分	按照总分进行排列			教练的	排名
1 380	1	科里队	莱昂纳多队	1 214	1
1 297	2	莱昂纳多队	科里队	2 082	
1 297	3	杰伊队	布莱恩队	2 003	
1 257	4	哈罗德队	克里斯队	1 824	
1 251	5	布莱恩队	贾罗德队	1 157	5
1 244	6	克里斯队	乔队	1 576	
1 158	7	托尼队	佩里队	1 487	
1 148	8	蒂莫西队	斯坦利队	1 458	
1 116	9	琼队	杰伊队	1 419	
1 114	10	乔队	蒂莫西队	1 120	10
1 112	11	杰里米队	琼队	1 086	11
1 073	12	贾罗德队	托尼队	1 064	12
1 063	13	斯坦利队	杰里米队	1 018	13
9 881	4P	佩里队	哈罗德队	9 841	4

表 8—2 显示了 2011~2012 年，蒂夫妮·维多利亚纪念杯梦幻橄榄球联盟教练的 Prafs 值与排名：累加的 Prafs 分数介于 0~1 300 分。有五个队（框中的）在进行教练评分时，被捆绑在了一起。

不过，在给教练的 Prafs 值下定义的时候，我暗中加入了一个重要条件：教练无权决定队员名册。就像餐厅评论家布鲁尼那样，我重点要观察的是厨师对预先准备的食材处理得怎么样。如同流行的美食节目 *Chopped* 一样，参赛者要面对的难题是用看似不搭的食材把肉调制出来，而且这些食材在节目开始时才公开。在最近的一期节目中，厨师[illegible]挠地用花生酱、猪里脊肉、秋葵和虾罐头做出了主菜。将食材固定下来，就允许我们将“训练或烹调”的效应从“管理或采购”的效应中剥离出来。接下来，我们将关注的焦点转到管理智慧上。

杰伊为何要忽略自己的建议

梦幻橄榄球联盟的选秀活动一年一次，玩家们在这个活动中创建本赛季开幕赛的队员名单。这是你抢夺未来名人堂（Hall-of-Fame）里的四分卫、明星跑卫以及其他你中意的队员的关键时刻，轮到你的时候，就赶紧去挑吧。琼是蒂夫妮·维多利亚纪念杯梦幻橄榄球联盟的联合创始人之一，该联盟的选秀活动由她来主持（虽然2012年，指挥棒传给了哈罗德，这是因为琼刚主持完另一个新联盟的选秀节目）。除了杰伊和另一个玩家之外，其他人都是亲自参加的。杰伊通过Skype从香港打电话过来，而另一个玩家借助电话将自己所选的队员名单告诉该联盟的第二个联合创始人。

选秀现场，有人喊着：“外接手马尔科姆·弗洛伊德（Malcom Floyd）在表上的编号是29！”就像玩宾果（Bingo）游戏一样，一帮玩家马上在他们的备忘录（cheat sheet）上划出了对应的线。当弗洛伊德被他人收入囊中时，你就不能再选他了。备忘录上列出了该梦幻橄榄球联盟所有可用的球员及其所打的位置，另外还有备忘录的制作者所给出的关于选择队员的建议。杰伊事先做了预案研究，他是少数几个带着自己[illegible]录参加选秀节目的，他相信自己的备忘录组织得更好，数据更新。

杰伊首选目标是跑卫阿里安·福斯特（Arian Foster）。然而，等轮到杰伊时，有价值的四分卫已经被人挑走了。因为人们听从了很多梦幻橄榄球专家的建议，纷纷抢购四分卫。第二轮选秀，他想在四分卫迈克尔·维克（Michael Vick）身上冒冒险，今年没人打算高价购买他。维克相当优秀，不过就是表现不稳定而且经常受伤（维克在第 1 周的比赛中，丢了四个拦截，不过，也投掷出了为本队赢得比赛的触地得分）。

进入秀场已经 5 个小时，进行了 10 轮选秀，杰伊暂时告停。在米尔布雷、加利福尼亚的人们，一边闲聊着，一边叫比萨外卖。会场的变化将选秀开始时间拖后了将近 2 个小时。杰伊在这个星期天的香港时间早晨 6 点就起床了。Skype 的声音飘忽不定，一会能听到，一会儿又听不到，再加上他们聊食物所引起的饥饿感，让杰伊受不了，所以，杰伊让托尼当他的代理人并向他传达了对剩余的几轮选秀的指示。

杰伊对最后一轮的指示是，争取得到格雷格·泽尔兰（Greg Zuerlein），他是名新队员，效力于圣路易斯公羊队（St. Louis Rams），担任踢球员。考虑到可能存在的风险，杰伊通常不会考虑新人。不过，作为公羊队的球迷他有自己的优势：他听说泽尔兰有两条“震天长腿”，他也希望公羊队在防守不利时，努力射门得分。除此之外，在蒂夫妮·维多利亚纪念杯梦幻橄榄球联盟的计分公式中，对超过 50 码的长投球额外奖励 2 分。

所有的队员名单都定下来了，联盟开始准备揭幕 2012 年的梦幻橄榄球联盟赛赛季。这时，经理的工作才刚刚开始。莱奥纳多是联盟中最认真也是最成功的玩家之一。自从十年前加入联盟以来，他五次进入决赛，三次获胜。他提醒大家，这个数目本应该是五战四胜，因为他 2009 年的冠军被抢去了。梦幻联盟的玩家也可能被裁判抢劫。那年，莱奥纳多仅仅当了一天联盟冠军。后来，梦幻橄榄球联盟奖励他的对手布莱恩额外一垒，这样一来，莱奥纳多反胜为败。

每周三晚上，莱奥纳多都会关注球员让渡名单的动向，即那些在秀场中被选剩下的或者被其他球队抛弃的球员名单。这就像“等待圣诞老人来看是否你已经得到了你想要的”。莱奥纳多热情地管理着自己的球队，经常性地调整队员名单。工作间隙，他会满怀激情地投身于这项多年前曾是为戒掉赌博而养成的消遣。他的武器是能够比别人更早地做出反应。他在电视上观看每场梦幻橄榄球表演，整天整夜监控着安卓应用程序。他那支球队的名字是用他在这个世界上最喜欢的两样东西命名的：49 人队和药用大麻。

将莱奥纳多领进门的是蒂夫妮·维多利亚。蒂夫妮不仅跟人共同管理着这个联盟，同时她也是一位令人敬畏的竞争对手。莱奥纳多和科里在联盟冠军赛上，都曾有过被“一个女孩”打败过的“荣誉战史”。蒂夫妮命令自己的“白宫”（bully pulpit）每周发布一些有趣的信息，并命名为“一个女孩的看法”，还附有相关例证。莱奥纳多注意到她将让渡名单利用得出神入化。不过，令人悲伤的是，她已经变成了回忆。

被总经理所禁锢

让我们回到“宏伟目标”这个话题上来。所有可行阵容的组合体现的应该是什么呢？这些阵容必须满足联盟的比赛规则，比如说，要有 1

个或 2 个四分卫，2 个或 3 个外卡。我们以佩里在第 8 周的比赛为例。他本应该从 240 种可能的阵列中选择一个。那些阵列最低得分为 18 分，最高得分为 67 分。他选择的那个阵列得了 62 分，只比最高分数少一点点儿，佩里的教练的 Prafs 值是 98 分，这也就没什么好吃惊的了（如图 8—2）。

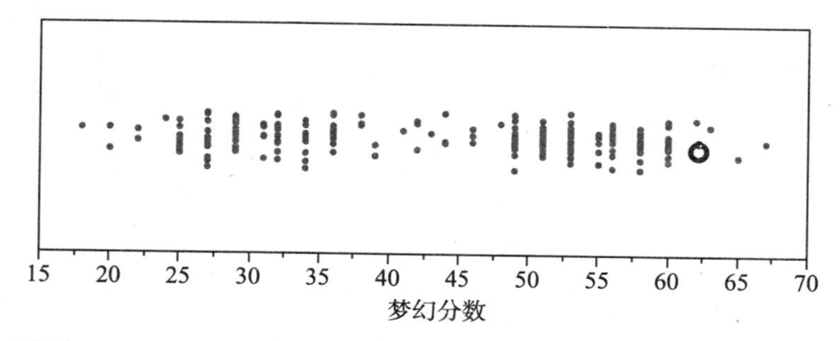

图 8—2　2011~2012 年，佩里在 FFL 中，可利用的 240 个阵容在比赛第 8 周的总分数分布

图 8—2 展示了 2011~2012 年，佩里在蒂夫妮·维多利亚纪念杯梦幻橄榄球联盟中，可利用的 240 个阵容在比赛第 8 周的总分数：每个点代表一个阵容，竖排的一列点表示有很多阵容将获得同样的总分。那个大圆圈代表佩里实际使用的球队，这支球队将会打败全部可行战阵的 98%。因此，佩里的教练的 Prafs 值为 98 分。

佩里那周的对手杰伊的训练成绩也极不平凡，教练的 Prafs 值为 99 分。他选择的那支队打败了可行的 204 支队伍中的 99%。不过，这两个训练很好的队却面临截然不同的命运，杰伊以 90 : 62 的成绩轻松战胜了佩里的队。仅仅训练一个因素不能解释效益边际的差异（margin of difference）：这部分差异凸显了管理智慧的作用。我们注意到佩里所能选出的最佳阵容也仅能得 67 分而已，而杰伊可能的最好阵容则获得了 92 分的好成绩。佩里的管理工作将他的教练放进了一个比杰伊更狭窄的盒子里。

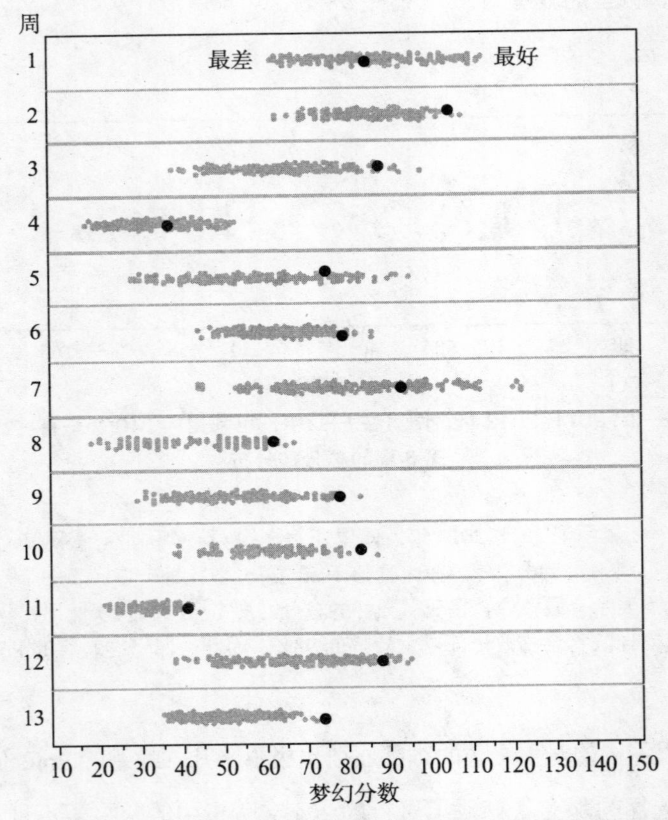

图 8—3　FFL 中，佩里的队伍在所有比赛周可行阵列的总得分

图 8—3 显示了在 2011~2012 年蒂夫妮·维多利亚纪念杯梦幻橄榄球联盟中，佩里的橄榄球队在所有比赛周的可行阵列的总得分：在每一周，黑点的延伸范围勾勒出了佩里可能的得分区间。点的位置以及点延伸的宽度则体现了管理智慧。

教练的能力由大黑点（实际比赛中使用的战阵）在点区域中的相对位置清楚地表现了出来。举例来说，佩里在第 11 周训练工作做得很好，而管理工作则做得很差。在第 4 周，无论是训练工作还是管理工作，佩里都做得不好。

我发现图 8—3 对理解比尔·帕索斯的著名评论大有帮助："他们命你烹制晚餐，至少该让你跑到杂货店买些食材回来吧！"图中的每个点显示了某个可行战阵的总分，该战阵可能在本赛季的某个周被佩里启用。每种可能性都被包含在图里了。主教练感觉自己就像被困在一个盒子里，在任意一个给定的比赛周，这个盒子被直观地表示为点的水平分布。比如，第 1 周，佩里的总分将落在 62~113 分这个区间。不管教练的调控能力有多强，也不能改变这个事实，这是负责购买以及跟其他球队交换球员的总经理决定了得分区间的起止位置。在某些比赛周，是总经理破坏了球队的机会。看一下第 11 周，最高分只有区区 44 分，最低分则是 21 分。而在其他周，比如第 7 周，总经理组建了一个非常富有前途的队员名册。

弗兰克·布鲁尼的观点在这里也被体现得淋漓尽致。不管食材如何，厨师的任务就是提升它们。现在请仔细观察图 8—3 中的大黑点，这些点代表佩里在每个比赛周实际启用的阵容。大黑点越接近右边的最大值，那周教练的表现就越强。与第 4 周和第 7 周相比，佩里在第 6 周和第 8 周的表现更好。

为了得到总经理的排名分数，我们需要采用某种方法对教练因素进行等值化处理。下面是实现这个任务的方法之一。如果虚构一个"联盟的平均教练"，并且问一下：在某个比赛周，给定队员名单，这个虚构的教练将会获得什么样的成绩。就像我们之前提到的，蒂夫妮·维多利亚纪念杯梦幻橄榄球联盟的平均教练，使用的是一支得分在第 87 百分位的战阵。那么，相对而言，总经理也就等价于比较得分在第 87 百分位的战阵。在第 8 周，联盟的平均教练使用佩里的队员名单，他将会获得 58 分，而用杰伊的名单，将斩获 76 分。那么，跟佩里相比，杰伊在管理上的优势是 18 分。由此看来，使杰伊战胜佩里的，不是训练而是管理。

我测量管理智慧所用的测度叫做“管理者 Polac 值”（Points obtained by league-average coach, Polac, 即联盟“平均教练”获得的分数），这个测度指的是：

球队若是雇用联盟的“平均”教练将会获得的总分。也就是说，该教练使用的是得分在第 87 百分位的战阵。平均化有效地消除了教练能力的差异。

杰伊及其同伴的管理智慧，根据累计的管理者 Polac 值，按照由好到差的顺序排序。这个累计分数，仅仅是每周管理者 Polac 得分的简单相加之和。

用这两个测度，我们就可以将联盟中的 14 支球队进行对比（如表 8—3）。我们发现了三种类型的球队：

- “全才者”。这类人管理和训练都做得不错，代表人物有莱奥纳多、科里、布莱恩、克里斯和杰伊。
- 激励者”。这类人训练能力在平均数以上，但是在挑选队员方面却低于水准，代表人物有有乔、贾罗德、斯坦利和佩里。
- “算计者”。这类人在挑选队员名单方面居于平均水平之上，不过训练水平是其短板，代表人物有托尼、蒂莫西、琼和杰里米。

表 8—3　　2011~2012 年 FFL 中的管理者 Polac 值与等级分值

总分	按照总分排名		管理者的		按Polac进行排序
1 380	1	科里队	哈罗德队	1 275	1
1 297	2	莱昂纳多队	科里队	1 260	2
1 297	3	杰伊队	杰伊队	1 243	3
1 257	4	哈罗德队	莱昂纳多队	1 187	4
1 251	5	布莱恩队	克里斯队	1 179	5
1 244	6	克里斯队	布莱恩队	1 150	6
1 158	7	托尼队	杰里米队	1 137	7
1 148	8	蒂莫西队	蒂莫西队	1 127	8
1 116	9	琼队	托尼队	1 121	9
1 114	10	乔队	琼队	1 115	10
1 112	11	杰里米队	乔队	1 037	11
1 073	12	贾罗德队	贾罗德队	1 013	12
1 063	13	斯坦利队	斯坦利队	982	13
9 881	4P	佩里队	佩里队	945	14

表 8—3 显示了 2011~2012 年蒂夫妮·维多利亚纪念杯梦幻橄榄球联盟中的管理者 Polac 值与等级分值。Polac 指的是，对于给定的队员名单来说，联盟“平均”教练可能获得的分数之和。

联盟中的异类或离群者是哈罗德。他是联盟中最好的经理与最差的教练（如图 8—4）。

命运

NUMBERSENSE

“传说又一次得到了验证，”杰伊，一边看散点图，一边点头说道，“好的教练敌不过差的管理。在联盟赛中，好的总经理总能打败好的教练。”

“传说又一次得到了验证，”杰伊，一边看散点图，一边点头说道，“好的教练敌不过差的管理。在联盟赛中，好的总经理总能打败好的教练。”他脑袋里清清楚楚地装着 14 支球队的表现。“全能手”不出所料，成绩最高；“算计者”的表现引起了杰伊的注意，他们显然胜“激励者”一筹；但单就总分而言，有五分之四是“激励者”所带的队伍。离群分子哈罗德，尽管训练成绩平淡无奇——平均而言，他所启用的是第76百分位的战阵，显然低于联盟平均第87百分位的成绩，不过，在赛季结束时，却斩获了联盟第四的好成绩。

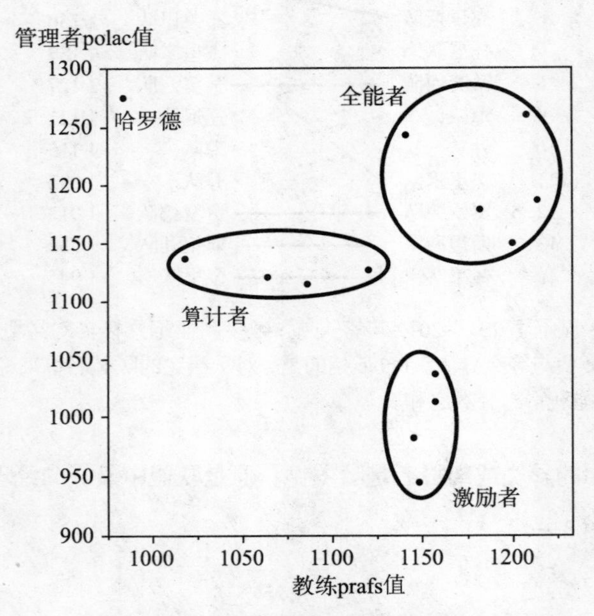

图8—4，FFL的14支球队的三种类型分布

在图8—4中，根据训练与管理技巧，蒂夫妮·维多利亚纪念杯梦幻橄榄球联盟的14支球队被分成三种类型：全能者，其训练和管理技能都在平均数以上；算计者，其训练水平令人失望，要低于平均水准；激励者，管理水平是其短板，低于平均水准；哈罗德则是离群者。

假如我们利用管理智慧与教练能力来解释输赢记录，一个相似的故事就会浮出水面。不管在哪一周，如果杰伊获得了任何一种管理优势，他赢得比赛的概率就超过了80%。要是他的管理者Polac值少了两分以上，那么，他输掉比赛的概率就会高达86%。这些说法都未将教练能力考虑进去。训练的确有作用，不过，对于得分来说，其影响力是次要的，也是比较弱的。我们将糟糕的训练水平定义为在教练的Prafs值上与对手有20分以上的差距，要是消除任何管理优势，将使获胜的概率从80%降到25%。然而，优秀的教练只要其教练的Profs值高于对手20分以上，即便旗下队员的总体水平低于平均水准，也会创造出奇迹，将86%失败率逆转为64%的获胜率。

虽然什么也没加进去，可是诡异的是，杰伊总分排名正数第三，而获胜次数却是倒数第三（跟另外两支队并列）。不过，能赢才是最重要的。

那么，他是否能通过改善教练水平提高排名呢？答案对我们来说，有点儿小吃惊，更多的分析表明他这样做只是于事无补。比赛的第3周，杰伊的教练的Prafs值最差，仅有71分。不过那一周，他要是把闪电队（Charge）的守卫（D）换成牛仔队（Cowboy）的守卫（D），将肖恩·格林（Shonn Greene）放在跑卫，补充一个跑卫而非一个外接手，就可以使总分冲到120分。不过，那样他的对手莱奥纳多将得141分，因此，杰伊失败的命运是早已注定的。第2周的比赛有种似曾相识的感觉：杰伊的训练成绩很差，教练的Prafs值只有76分，而其潜在的最大分值是113分，即便这样还是跟克里斯的实际得分有一分的差距。即便在情况最好的第6周，杰伊依然不能打败科里。在这三个周里，他的对手都是派得分能力在第 99 百分位的队伍上场的。你能想象到杰伊当时必曾有过的感觉——就像一个在超市购物每次结账都压错了结账队伍的购物者一样。

我们开始怀疑，Tuff Toes 队在 2011 年是否被坏运气给诅咒了？每周的对阵双方都是在赛季开始时随机分配的。每个队都必须跟其他各队交锋一次。就管理队员名单的水平及派遣比赛战阵的优劣来说，每个队都各有起落。这个问题在图 8—3 所示的每周的变异中体现得非常明显。你希望在对手状态失常时，跟他们对垒，而当他们风头正劲之时，则希望避开他们。在 13 周的赛程中，运气几乎是均等的。

你会觉得生活是公平的，只有杰伊是个例外，转机在 2011 年始终未曾造访。当跟 Tuff Toes 队对垒时，对方获得的管理者 Polac 值平均为 96 分。跟琼一样（他在整个联盟中获胜次数最少），杰伊遇到了最难对付的总经理：他一半的对手即便只具有联盟"平均"教练的水平，也至少能得 98 分。与之相反，哈罗德在整个赛季中所遇到的对手，其平均管理得分为 79 分，只有 20% 的对手得分在 99 分以上。哈罗德的好运气，对解释他是如何克服了联盟中最差的教练能力大有帮助。

到目前为止，我们一直把焦点放在管理上，这是由于管理对结果产生了比较大的影响。而图 8—5 同时考虑了管理和教练能力。最好的五支球队获胜次数在 8 次以上，其中有四支，分到了对自己比较有利的对阵；他们的很多对手的队员名单低于平均水准。获胜十次的成绩位列蒂夫妮·维多利亚纪念杯梦幻橄榄球联盟第一的布莱恩，享有双重幸运，因为他的对手无论是管理能力还是训练能力，都低于平均水平 [更进一步，利用回归分析（regression），证明赢的总次数跟对手的排名分数之间的相关性比跟自己的排名分数之间的相关性更高，因为前者测量了运气。然而，两组分数都有的模型却不如只有一个的模型]。

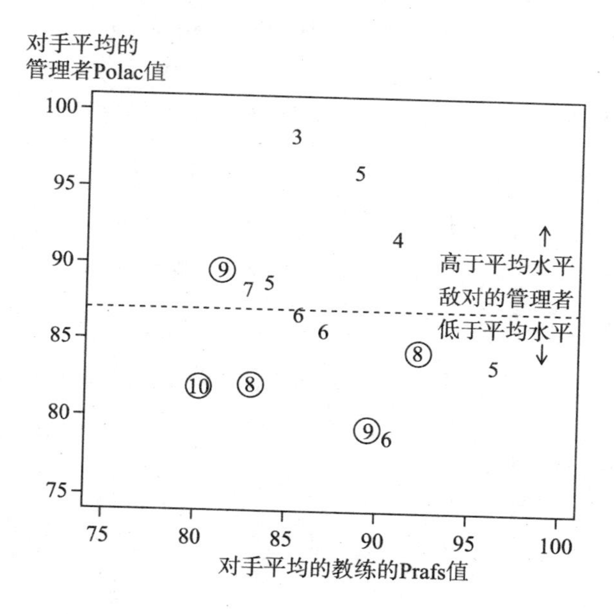

图 8—5　2011~2012 年，FFL 中的“幸运”因素

图 8—5 显示了 2011~2012 年，蒂夫妮·维多利亚纪念杯梦幻橄榄球联盟中的“幸运”因素：获胜次数在 8 次以上的五支球队（在图中用圆圈标记），其中有四支遭逢的对手平均管理水平都比较差。而图中的每个数字都表示一支球队，其标号表示这支球队在 2011~2012 年赛季获胜的总次数。假如每支球队都摊上同样的运气，那么，各种球队将向图中央辐辏。

跟其他游戏一样，机会在确定结果时起了重要作用。由于我们不能控制运气，因此，我们每周都应该将重心放在将总分最大化上，并希望其他事情有条不紊地进行。投入更多时间来组建一支更强大的队伍是值得的。依据你的风险承受力，你或许会尽力去组建一支优势比较多的队伍，不过，要知道这样的阵容通常也更变幻莫测。

接下来在家里会发生什么

一开始，杰伊问了我两个问题：既然他的总分比较高，那他为什么不能赢的次数多些呢？他该从哪里下手去寻求改进？

我们获得了某种数据，捏造了各种各样的分析。我们从描述一个推荐用来对总分数变异进行解释的两因素模型开始，证实这个建议是有价值的。教练的 Prafs 值与管理者 Polac 值这两个测度测量了两种不同的技能。要是两个测度测量的都是相同的东西，那这个东西应叫做“梦幻橄榄球的一般能力”，这样，这两个数据将几乎完全相关，因而也就不可能将“激励者”（善于训练）跟“算计者”（善于管理）区分开来。虽然这两种因素都很有用，不过，管理智慧的影响力会更大一些。

加入“运气”因素以后，这个两因素模型就被增强了。“运气”具体表现为某个队位于整个赛季所遭遇对手的平均质量之上。我们希望通过随机调度能够使得每个队遭遇大体相当的竞争者。不过，短短的 13 个星期有时候不足以显示公平。幸运因素增添了竞赛的趣味性。

如今，在很多竞技领域，比如说梦幻橄榄球运动，很多数据都对公众开放。数据往往能帮我们回答棘手的问题，将我们从猜疑中解脱出来。就像电视上的厨师那样，我在冰箱里摆出事先做好的菜肴，而现在到了揭秘食谱的时候了。

许多网站在主持梦幻橄榄球联盟。根据本联盟制定的公式，他们提供基本的食材：确定每周比赛的对决双方，裁决哪个队获胜，计算每支队伍获得了多少分。而后，需要收集的、最关键的数据集是每个队每个星期可派出的所有可能的阵列。要是我们知道了可用的球员名单，就能够计算出所有可派出的阵列。我们需要一份关于每位梦幻橄榄球联盟队员每星期在真实比赛中的表现的统计数据，这个数组在网上很容易找到。就蒂夫妮·维多利亚纪念杯梦幻橄榄球联盟而言，每支队每星期大概有 200~400 个战阵可供选择。将每种可能性进行一番评估之后，就产生了相当多的数据。这些反事实的分数对我们分析数据非常重要。杰伊和我都明白该从过去的经验中吸取教训这个道理：梦幻橄榄球的数据对这个目的来说，是极其完整的。但在真实世界中，我们不可能知道将会发生什么，比如，美国国家橄榄球联盟的某支队伍是否要启用这个跑卫，而不是另一个。将点球成金（moneyball）风格的分析从真实生活中延伸到梦幻球场很流行。利用反事实数据也很聪明，而只有梦幻橄榄球联盟的主人才能够制造得出这些数据！

厨师在购买食材时，就拟定了晚餐的菜单。食材的气味和卖相粉碎了他们的幻想。毕竟，他们想在市场上提供最新鲜的食品。他们知道变质的鱼会搞糟最好的食谱。厨师要设计出哪种食物跟哪种食物搭配。回到厨房，他们要用各种各样的方法来对食材进行处理：剁、切片、粉碎、剥皮、漂白、腌制、修剪等等。在烹调时，他们追求的是一种味道、颜色和香味的均衡效果。稍有偏颇就会毁掉一盘菜，这就跟使用某种忽略了部分事实的数学模型一样。

分析数据需要类似的技能：

- 有一个清晰的头脑；
- 知道去哪里以及如何收集材料；
- 能灵活改换路线；
- 用创造性来修正数据；
- 对偏差有所警觉性。

比尔·帕索斯在成名五年后，终于找到了一个认同他观点的买家。纽约喷气机队的利昂·埃斯（Leon Hess）告诉记者：“我只希望成为那个和他在一起的小孩子，推着车走在超市里，让他把购物车装满。”

NUMBER
SENSE

后记
在大数据时代生存下去

> 在大多数情况下，你们不必处理数据。我们也没时间去一一验证这些大大小小的论断。知道数字来自哪里将带你走得更远。

亲爱的读者：

我不能让你带着这样的想法离开，不是每个人必须成为大数据分析员，才能在这样一个大数据时代生存下来。从本书得不出这样的逻辑结论。我只是想提醒你，广阔的数据来源将带来困惑，甚至会招来麻烦。我希望你们别再从表面看待大数据，希望你们看到揭盖探底的力量。

- 当学院校长打出“无济于事”这样的一张牌时，你就该认清他们尽力淡化欺诈丑闻的企图。
- 当医学研究人员将抑制肥胖失败的责任推给一个很差的测度时，你就该对他们的拖延战术喊停。
- 当高朋的庄家鼓吹免费为商家做促销时，你应该问一下反事实问题。
- 当某位建模师宣称自己的预测模型精准得令人恐怖，那么你应该要求他提供该模型犯假阳性错误的概率。

- 当某专家否认自己的模型中使用了任何理论性的假设，那么你就此打住，别再听他胡扯了。
- 当某位经济学家宣称恶劣的天气将带来很坏的经济数据，那你得去了解一下这些数据是如何算出来的。
- 当记者引用了原始的、未经干预的经济数据，那你得弄明白这些数据不能进行单个月份之间的比较。
- 当你发展出一个假说，比如，是哪些因素会影响到梦幻橄榄球联盟的表现，那你得弄明白需要什么数据，并提出好的问题。

NUMBERSENSE

在大多数情况下，你们不必处理数据。我们也没时间去一一验证这些大大小小的论断。知道数字来自哪里将带你走得更远。

在大多数情况下，你们不必处理数据。我们也没时间去一一验证这些大大小小的论断。知道数字来自哪里将带你走得更远。理解什么时候、为什么要做假设同等重要。我的任务是带你参观密室——让你看看数字是怎么做出来的。

最后，用大数据科学家日常生活中的两个小片段作为本书的结尾。谷歌的首席经济学家哈尔·范里安（Hal Varian）宣称这是种“性感”的工作。那这种工作背后的“诱惑力”到底是什么呢？我把本文第一部分放到我的博客《数据统治世界》中时，收到了很多积极的评价。我将它稍微编辑了一下，收到这里，而第二部分则是全新的。

[美其名曰]大数据科学家生活中的三个小时

有个小难题每个星期都会吞掉我三个小时的时间，而且不止一次。最初的工作是将一组账号从一个数据库移到另一个[如果你非要知道的话，那好吧，是从 SQL Server 的盒子转移到天睿系统（Teradata），但是故事不为任何一个供应商改变]。这是一种生活常态，我经常将数据从此处转移到彼处。这些账号代表一批匿名客户，我对他们的行为感兴趣并想去了解。我得把他们跟我公司之间到某个日期为止的互动信息抽取出来。这是与我们在第 5 章中提到的塔吉克建模师预测怀孕相类似的任务。

几分钟后，就很清楚了，真实的任务就是让天睿系统将一组日期认定是日期。这组日期是这样表示的：07/20/2010，07/25/2010，08/01/2010……

那么，问题是什么呢？当然，任何人都可以看出这些是日期。好吧，天睿系统却不这样认为，除非天睿系统完全相信我给它的是一组日期，否则它拒绝执行下面的主要任务——将导入的数据跟截至日期进行比较。

天睿系统认为 07/20/2010 是一个文字串而非日期。我开始试着用最简单的方法来解决：投射（将 my_column 投射成日期）。该软件没有让步，申诉说 my_column 含有“不合法的日期”。我迅速翻开说明手册，了解到使用投射功能的合法方式是将“2012-07-20”投射成日期格式。因此，首先需要先将“07/20/2010 转”换化成“2010-07-20”格式。

我笨手笨脚地找了一会儿，才知道天睿系统不支持我熟悉的很多解决方法，比如说正则表达式（regular expression）、MDY 日期表达式（输入月、日、年作为日期）以及查找—替换功能。所以，我拒绝取巧，也不想用暴力勉强去做，比如通过提取字符串公式（substring functions）和联接字符串公式（concatenate）（子串公式将文本的一部分字符串提取出来，而联接公式则是将文本的两部分联接起来）。

我给天睿系统一个测试用例：将（“2010-07-20”）投射成一个天睿系统的日期 07/20/2010，结果跟我要的完全一样。是的，看起来跟我输入的格式完全一样，不过，人类的眼睛是会骗人的，如果数据库声明这个数字不是日期，那么它就不是日期。

我对这个测试结果很满意，现在我将使用强制性的截取一合并子串表达式来替换“2010-07-20”。令人惊讶的是，我失败了，系统再次申诉日期不合法。我把一些样本从这批被拒绝的日期中掏了出来。经过一番检查，它们看起来像日期，闻起来也像日期。

虽然失败了，不过我并未被吓到。我把数据投射功能放在一边，而将子串 – 连接表达式应用到日期列中，这段代码运行得很流畅。不过，一旦我将日期投射功能放进代码中，程序就会指示出问题。

既然那种笨拙却直接的方法出错了，我又回到聪明的方法上来了。也许我该欺骗一下天睿系统，将一步分成两步走：先创建一个新的数据表，在其中填入子串截取 - 合并后产生的结果，这个操作目前已经奏效了；然后，在新数据上运行“投射日期”功能。

这也可能不行。我刚把提取子串 – 连接子串表达式放进两行用以生成一张数据表的代码中，程序就被卡住了。越来越充满悬念了。同样的代码在单独使用时，就能成功地生成天睿系统的日期，一旦我将这段代码嵌入到表格生成命令中，程序就走不动了。这个错误表面看是子串公式中的日期变量与逗号标志之间缺少了什么东西，也就是犯所谓的语法错误（syntax error），就好像我违反了语法规则一样。真让人气恼，同样的代码，当把输出结果送到弹出式窗口，程序就能流畅地运行。不过，当把结果储存在数据表中时，服务器看起来是在期待一个不同的句子！不管怎么说，我都搞不清楚，天睿系统到底在抱怨什么。

天睿系统目前和我还不能友好相处。怎么办呢？就像一个被抛弃的情人，我竭力找到其他好朋友——SQL 服务器盒子。假如在将数据导入天睿系统之前，先将日期列转换成所需要的日期，会怎么样呢？

我这样做了。经过一番折腾，数据终于转移到了天睿系统中。哎呀，日期仍然是作为字符串显示。因此，我原路返回 SQL 服务器盒子：在那儿，日期还是日期。这意味着那个负责在两个平台之间进行数据转换的程序，将那些日期解释成了文本。

我的同事建议不妨冒冒险（是的，现在两位“数据科学家”一起合作来解决这个迷人的难题）。我强行将日期改成日期时间格式，形如：07/20/2010 00:00:00。时间的构成部分都是零，这是因为这个系统从不记录时间信息。是的，我在好数据里面添加进去了垃圾。那不过是死马当活马医，因为我们不能理解为什么数据库不能读日期而只能读日期时间。当你用尽了合乎逻辑的想法，你就只能退而求次，去做疯狂的事情了。

它运转着，运转着，运转着。

SQL 服务器盒子将日期列转换成了日期时间。天睿系统这回不仅正确识别出来了，而且连读了三次，一次读成了日期时间，一次读成了日期，一次读成了日期。

我跳过了这个让人恼火的数据转换程序。将数据导入天睿系统需要的一个特殊的工具软件中。这个软件有一半时间，不能正常启动。遇到这种情况，我就知道该发出一条指示来重启程序。在这个特殊的日子，网络连接本来就很紧张。这个软件打开以后，需要尝试五次才能找到网络。在运行这个软件之前，必须修改默认设置，而修改该默认设置，通常会切断网络连接。因此，又需经五次努力来恢复网络。直到那个时候，数据传送才顺利开始。

三个小时后，它又开始工作了。它从寻找顾客的活动变为找个数据库来将07/20/2010识别为日期而非文本。SQL服务器盒子修整了一晚，因为要进行维护。我仍然没发现一个顾客的交易记录。这个项目还有很长的路要走。

每个项目都会遇到这样的情况，这并非个案。欢迎来到大数据的科学世界。

三天与6 000个词的较量

谷歌让自己牢牢地成为了互联网的门户。要是你在搜索引擎中输入“Fedex”，而非直接在地址栏中输入“fedex.com”，那请举手。大多数网站的绝大多数访问者是从谷歌搜索得到的。谷歌的算法是算法界的国王。你输入一个搜索条目，谷歌的算法就能计算出跟哪个网页更相关，并给出一个列表。这个业界领袖通过定期地对算法进行微调，从而使市场营销人员对其保持忠诚度。近期一个比较大的变动是为全美国的用户打开了“安全搜索”（safe search）模式。在这种模式下，阻止用户使用“XXX”或者“乳房”这类关键词来搜索成人内容。

很多网络管理员注意到来自谷歌的信息流量立即下跌了（他们不一定经营成人网站，因为算法会寻找相关网页而非精确匹配）。这个周五，我的任务就是评估一下谷歌的微调对我流量的影响。如果加上这个周末，我最多只有三天的时间，就得拿出结论（远非死亡判决，你将会发现限定时间是一个救命者）。

我快速检查了一下，显示来自谷歌的信息量确切无疑是下降了。假如我的老板没有数字直觉，那我可以给他即刻让他满意的回答：谷歌修改了算法，因此流量骤然下降。某种原因导致了某种结果，很不错的解释。不过，他付钱给我，为的是得到一个更好的答案。流量的下降仅仅是因为限制搜索成人内容的访客吗？

为了将这个问题弄清楚，我必须调查人们在搜索什么。我必须分别解释成人信息流量和一般信息流量。追踪工具产生了 6 000 个不同的搜索条目，我们按照流行程度进行了排序。那个月就是这些词将访问者送进了我的网站。就在我凝神观察数据时，一大堆疑问涌上了我的心头。我不理会比较差的精确度，我只保留了两位有效数字。（因此，显示为 2 500 个游客，而非 2 453 个。我让自己相信，该工具送回来的是所有的、而非经过选择的搜索条目。）

此刻有个问题向我提出了挑战。通过对搜索条目进行求和而得到的访问次数，跟其他软件监控到的数据流量不一致，并且也不是 10% 的差距：一个数字只有另一数字的一半。我做过太多这种类型的分析，因此，知道网站数据不可告人的秘密——这不是个非常纯净的、超级负责的系统，而是成千上万的缠绕在一起的金属线所组成的难以理解的网络。哇，大数据。

我从来没见过一对能编制出可相互比较的统计数据的工具。在这个领域，“完全一样”这个词甚至不存在。不过，每次看到这些分歧都会让我很烦恼。这让我又一次怀疑，追踪工具所提供的是否仅仅是个搜索条目的样本。今天我不止一次地瞄墙上的时钟，给自己10分钟时间去调查。不能再多一分钟。我跟一些工程师朋友聊了聊，也没得到什么线索。我甚至觉得问这样的问题有点儿傻，因为该行业中大部分人都接受了不精确。可想而知，时间一分一分地溜走了。我退回到理论那里：关键词追踪器对流量的相对变化估计得比较准确，而其他软件对总体流量的计算更可靠。这些假设不能验证，这也正是为何叫做“假设”的原因。虽然让人很伤心，但却是事实：理论进入分析，通常就像将纸盖在漏水的地方。

我回到轨道上来，现在面临最费劲的工作——处理6 000条搜索条目。我估计关键词得分成五类或者八类。一想到眼前的工作，我的意志就要屈服了：读一个词，加一个标签，读一个词，加一个标签，读，加标签，读，加标签。在这个软弱的时刻，一个捷径从脑子里冒了出来，就像流感病毒侵入到我的细胞一样。为何不分别从两个月中抽出前100个词，然后计算每个词获得或减少了多少访问量呢？这绝非什么独创性的工作——你以前就看到过这种分析。

这也是一个把人带入死胡同（cul-de-sac）的活板门。跟很多分析计划一样，它们的缺陷隐藏得很好，直到你动手以后才会发现。大概有40%的高频搜索条目，只在其中的一个月中起重要作用。网络搜索是一种非常活跃的活动，搜索的条目变化不定。“米特·罗姆尼”在2011年11月是个热门搜索词，但到了2013年1月就渐渐消失了。另一个难题是：前 100 个搜索词只解释了网络总访问量的 10%。这样的话，该数据分析将漏掉 90% 的访问量。热门搜索通常跟一些普通的关键词联系在一起（“万圣夜”、“哈利·波特”等等），与此同时，大多数来自谷歌的用户创造了更具体的搜索。这就是所谓的“长尾”（long tail）效应：积少成多，集腋成裘。

做这些花去了我一个小时，不过，我感到士气大振。要是你一直在跟踪我的进度，就会知道我确实还没有最终产品，因为我要放弃捷径。走点儿弯路会使最初的计划更可接受。最初的难题便会消失。标注 6 000 个关键词是逃不掉的。即便搜索的条目发生了变化，分类不能变，还要逐月分下去。同时，所有的流量都将得到解释，不只是 10% 的游客。我现在可以想象输出结果了，一张表显示出搜索条目中每一类条目，其访问量的变化趋势。

如果我说已经将 6 000 个词都筛选了一遍，那我是在说谎。从一开始，那就是不可能的。要是我是机器人，每 10 秒钟处理一个关键词，处理完整个列表都需要耗费 16 个小时的时间，还得假设根本不休息，不会因为走神而出错。这是由于时间的限制而带来的理智上的权衡。在分配的时间内，我尽最大能力对数据进行分类。我标注每个搜索词的实际经验是让人昏昏欲睡：“The Walking Dead”是一档电视节目，“XTube”是个成人网站，“Manchester United v Chelsea”是一个体育赛事。给这些东西分类是简单的重复，且没有意义，不过，它让我的脑子得到放松。我必须让自己停下来去吃饭。

随着这个活动的继续进行，分析方案得到了我的信任。继续分析前

100个搜索条目将是很愚蠢的。一款由某家声誉良好的大公司研发出来的搜索工具，将原始的搜索条目传送给我。这些搜索词条是谷歌用户输入的，输入的词有对有错。我们公司的名字，至少被拼错了20次。任何热门的搜索，都存在于数不清的文字组合中：“Chelsea v Manchester United”，“Chelsea v ManU”，“下载Man U vs Chelsea”，等等。要是没有比较大的类别，这些信息将散落在碎片中。

接下来的第二天，我进入了一种常规程序。我是一名熟练工。在我面前放着两个大篮子：一个篮子放分过类的，一个篮子放尚未分类的。我不停地将资料从第二个篮子里拿出来，然后将它们投进第一个篮子里。不停地来来回回。每个小时，为摆脱困顿状态，我都会想一下是否做够了。你知道，这些东西弄得我的脖子都被拉长了。

前100个条目是最简单的。接下来的100个逐渐变难了，这是因为每个条目所解释的流量更少了。同时，关键词变得更不熟悉，因此，我必须查阅正确的标签。不仅挖掘的量减少了，我的运动速度也变缓了。要是还未分出足够的数量就停止，那得出的结果跟只分析前100个搜索条目的缺点是一样的。

你担心我的心理状态吗？你为何不编一个电脑程序来做枯燥乏味的工作呢？这种想法我不是没有过。在信息技术方面我们取得的所有进步，都不能使问题自动获得解决，意识到这点很令人震惊。事实上，今天的电脑不能理解自然语言。它们能做的只有匹配文本：它们可以告诉你先验“贝叶斯模型”这个词是否能在某个具体的网页中找到。计算机弄不明白这个网页是关于统计方法的，除非它们受过特殊的训练，来做分类工作；这意味着要以标注好的网页作为例子来对计算机进行训练。除非我可以花时间建立训练数据集，或者，走得更远些，结束分析。

计算机不可能解决我所遇到的一些复杂问题。搜索条目“荷兰”、“荷兰 nyc 餐厅”和“荷兰早中餐”，算一个类别还是两个类别呢？后两个关键词属于同一个，指的是曼哈顿的一家非常红火的新餐厅。追踪工具指示有 1 200 条是搜索“the dutch”的。那么，这些人是在找一家餐厅还是在找荷兰人呢？很可能两种情况都有吧，不过，要是没有补充信息，计算机或者人类都不能弄清楚。

最后，我要求周末暂时休息一下。剩下的、未分类的关键词看起来不重要，因为，每个关键词只对百十来个访问量有贡献。令我吃惊的是，带有标签的词语数目只有 1 000 个，而且只能解释一半的流量。那么长时间的艰苦劳动，还有这么多未完成的工作！令人欣慰的是，分析证实，停止的时间选得非常明智！虽然我只标完了一半的流量，现在，将尚未分类的那一半归并到信息不详的“其他”类，因为这些数据只对在线销售很少的一部分有贡献。

这个练习从 12 000 个数字开始，两个月的信息流量是由这 6 000 个搜索条目产生的。如果一个电子表格包含了所有的数据，或者仅仅包含缩减后的前 100 个搜索关键词，也会把读者搞糊涂。三天以后，我将所有的东西都归纳到一张纸上，6 000 个关键词分了六个大类。对于每一个大类，我了解了流量下降的比率。那么，访问量下降仅限于成人搜索条目吗？最终，我的发现是谷歌的微调阻止了相当数量的露骨内容的搜索，与此同时也摧毁了一些其他的类别。

北京阅想时代文化发展有限责任公司为中国人民大学出版社有限公司下属的商业新知事业部，致力于经管类优秀出版物（外版书为主）的策划及出版，主要涉及经济管理、金融、投资理财、心理学、成功励志、生活等出版领域，下设“阅想·商业”、“阅想·财富”、“阅想·新知”、“阅想·心理”以及“阅想·生活”等多条产品线。致力于为国内商业人士提供包含最先进、最前沿的管理理念和思想的专业类图书和趋势类图书，同时也为满足商业人士的内心诉求，打造一系列提倡心理和生活健康的心理学图书和生活管理类图书。

阅想·商业

《敏捷性思维：构建快速更迭时代的适应性领导力》

- 曾成功帮助华为、顺丰速递和中国平安等中国顶级企业进行敏捷转型战略。
- 世界敏捷项目管理大师吉姆·海史密斯的最新力作。

《白板式销售：视觉时代的颠覆性演示》

- 解放你的销售团队，让他们不再依赖那些使人昏昏欲睡的 PPT。
- 将信息和销售方式转换成强大的视觉图像，吸引客户参与销售全程。
- 提升职业形象，华丽转身，成为客户信赖的资深顾问和意见领袖。

《颠覆传统的 101 项商业实验》

- 101 项来自各领域惊人的科学实验将世界一流的研究与商业完美结合，汇集成当今世上最绝妙的商业理念。
- 彻底颠覆你对商业的看法，挑战你对商业思维极限。
- 教会你如何做才能弥补理论知识与商业实践之间的差距，从而树立正确的商业理念。

《游戏化革命：未来商业模式的驱动力》（“互联网与商业模式”系列）

- 第一本植入游戏化理念、实现 APP 互动的游戏化商业图书。
- 游戏化与商业的大融合、游戏化驱动未来商业革命的权威之作。
- 作者被公认为“游戏界的天才”，具有很高的知名度。
- 亚马逊五星级图书。

《忠诚度革命：用大数据、游戏化重构企业黏性》（“互联网与商业模式”系列）

- 《纽约时报》《华尔街日报》打造移动互联时代忠诚度模式的第一畅销书。
- 亚马逊商业类图书 TOP100。
- 游戏化机制之父重磅之作。
- 移动互联时代，颠覆企业、员工、客户和合作伙伴关系处理的游戏规则。

《互联网新思维：未来十年的企业变形计》（“互联网与商业模式”系列）

- 《纽约时报》、亚马逊社交媒体类 No.1 畅销书作者最新力作。
- 汉拓科技创始人、国内 Social CRM 创导者叶开鼎力推荐。
- 下一个十年，企业实现互联网时代成功转型的八大法则以及赢得人心的三大变形计。
- 亚马逊五星图书，好评如潮。

《提问的艺术：为什么你该这样问》

- 一本风靡美国、影响无数人的神奇提问书。
- 雄踞亚马逊商业类图书排行榜 TOP100。
- 《一分钟经理人》作者肯·布兰佳和美国前总统克林顿新闻发言人迈克·迈克科瑞鼎力推荐。

《自媒体时代，我们该如何做营销》（“商业与可视化”系列）

- 亚马逊营销类图书排名第 1 位。
- 第一本将营销技巧可视化的图书，被誉为“中小微企业营销圣经”，亚马逊 2008 年年度十大商业畅销书《自媒体时代，我们该如何做营销》可视化版。
- 作者被《华尔街日报》誉为“营销怪杰”；第二作者乔斯琳·华莱士为知名视觉设计师。
- 译者刘锐为锐营销创始人。
- 国内外诸多重磅作家推荐，如丹·罗姆、平克、营销魔术师刘克亚、全国十大营销策划专家何丰源等。

阅想·新知

《断点：互联网进化启示录》

- 一部神经学、生物学与互联网技术大融合的互联网进化史诗巨著。
- 《纽约时报》、《今日美国》年度超级畅销书。
- 我们正置身网络革命中。互联网的每一丝变化都与你我息息相关。本书提供了一个独到、新鲜的、令人兴奋的视角，帮助人们去看待商业和技术发展的未来，以及它们对我们所有人的影响。

《大未来：移动互联时代的十大趋势》

- 第一本全面预测未来十年发展趋势的前瞻性商业图书。
- 涵盖了移动互联网时代的十大趋势及其分析，具有预测性和极高的商业参考价值，帮助企业捕捉通往未来的的商机。
- 全球顶级管理咨询公司沙利文公司中国区总经理撰文推荐。
- 中国电子信息产业发展研究院鼎力推荐。

《数据之美：一本书学会可视化设计》

- 《经济学人》杂志 2013 年年度推荐的三大可视化图书之一
- 《大数据时代》作者、《经济学人》大数据主编肯尼思·库克耶倾情推荐，称赞其为“关于数据呈现的思考和方式的颠覆之作”。
- 亚马逊数据和信息可视化类图书排名第 3 位。
- 畅销书《鲜活的数据》作者最新力作及姐妹篇。
- 第一本系统讲述数据可视化过程的的普及图书。

阅想·财富

《金融的狼性：惊世骗局大揭底》

- 投资者的防骗入门书，涵盖金融史上最惊世骇俗的诈骗大案，专业术语清晰易懂，阅读门槛低。
- 独特视角诠释投资界风云人物及诈骗案件。

Kaiser Fung

Numbersense: How to Use Big Data to Your Advantage

ISBN：978-0-07-179966-9

图书在版编目（CIP）数据

对“伪大数据”说不：走出大数据分析与解读的误区 /（美）冯启思著；曲玉彬译 . —北京：中国人民大学出版社，2014

ISBN 978-7-300-20367-6

Ⅰ . ①对… Ⅱ . ①冯… ②曲… Ⅲ . ①数据处理 – 研究 Ⅳ . ① TP274

中国版本图书馆 CIP 数据核字（2014）第 286169 号

对“伪大数据”说不：走出大数据分析与解读的误区

【美】冯启思　著

曲玉彬　译

Dui “Weida Shuju” Shuobu: Zouchu Dashuju Fenxi Yu Jiedu De Wuqu

出版发行	中国人民大学出版社		
社　址	北京中关村大街31号	**邮政编码**	100080
电　话	010-62511242（总编室）		010-62511770（质管部）
	010-82501766（邮购部）		010-62514148（门市部）
	010-62515195（发行公司）		010-62515275（盗版举报）
网　址	http://www.crup.com.cn		
	http://www.ttrnet.com（人大教研网）		
经　销	新华书店		
印　刷	北京中印联印务有限公司		
规　格	170 mm × 230 mm 16 开本	**版　次**	2015 年 1 月第 1 版
印　张	16.5　插页 1	**印　次**	2015 年 1 月第 1 次印刷
字　数	169 000	**定　价**	55.00 元